Sigrid Lehrk

BANDSCHEIBEN-
GEFLÜSTER

1. Auflage: Oktober 2004

ISBN 3-932576-68-3

Was sich auf die

Wirklichkeit bezieht,

ist nicht sicher,

und was sicher ist,

ist nicht wirklich.

Albert Einstein

Sigrid Lehrke
fotografiert von Walther Lechler

Sigrid Lehrke ist 1951 in Berlin geboren und unterrichtet als Diakonin seit 26 Jahren Schüler in evangelischer Religion. Ab 1993 hat sie „Betthupferl“ und Kinderhörspiele für den Bayerischen Rundfunk geschrieben. Ihre Ausbildung in Soziotherapie für Psychodrama und Gestalttherapie, die Begegnung mit Dr. med. Walther Lechler bzw. dem ungewöhnlichen „Bad Herrenalber Modell“ und die Arbeit mit sogenannten Randgruppen der Gesellschaft haben sie weit über einst gesteckte Grenzen gehen lassen.

Gott gebe mir die Gelassenheit
die Dinge hinzunehmen,
die ich nicht ändern kann,
den Mut, die Dinge zu ändern,
die ich ändern kann,
und die Weisheit
das eine vom anderen zu unterscheiden!

Reinhold Niebuhr

Gewidmet Dr. med. Walther H. Lechler
Begründer und ehemaliger Chefarzt der alten "Herrenalb Klinik"

Manchmal lese ich eine Widmung und überlege, was dahinter stecken mag. Vielleicht geht es Ihnen oder dir ähnlich?
Darum schreibe ich einen offenen Brief an Walther Lechler und lasse teilhaben an etwas, was mich erfreut und bewegt.

Lieber Walther,

als wir uns vor langer Zeit vor deiner Klinik in Bad Herrenalb kennen lernten, hast du mir in die Wange gekniffen und gefragt: "Bis du die kleene Berlinerin, die mir den langen Brief geschrieben hat?" Ich war es. Denn ich hatte euer Buch "Von mir aus nennt es Wahnsinn" gelesen. Dieses Buch sprach mir aus der Seele, denn es erzählt von einer Klinik, die anders war als alles was ich kannte. Mündige Patienten, die gleichberechtigte Gäste waren und aktiv an ihrer Gesundung mitarbeiteten.
Ich wollte diese Klinik kennen lernen und darum der Brief. Du hast mir an Ort und Stelle die Möglichkeit geboten, in deiner Therapiegruppe mitzuwirken. "Geh´ ins Büro und besorg dir einen Platz." In meinem Magen erhoben sich Scharen von "Schmetterlingen". Solche Spontaneität gibt es nur selten. Oh Gott, war ich glücklich! In den Sommerferien durfte ich dann mitarbeiten. Das hat mich geprägt!

Später habe ich dich dann noch näher kennen gelernt. Du warst schon in deinem unruhigen Ruhestand und hattest den FÖRDERKREIS FÜR GANZHEITSMEDIZIN in Bad Herrenalb gegründet, um weiterhin für ganzheitliche Medizin einzutreten.Natürlich bin ich Mitglied geworden und gebe meine Gedanken und Erlebnisse, die meine eigene Gesundung an Leib und Seele betreffen, gerne weiter.

Lieber Walther, du hast mich mit deiner unkonventionellen Art erfreut, unterstützt und bewegt. Irgendwann habe ich dich besucht, als du selbst "was am Rücken" hattest. Ich erzählte dir meine Idee von dem symbolischen Bild mit der Klopapierrolle: Innen die Papprolle steht für unseren unverfälschten, von der Schöpfung gegebenen, Wesenskern. Das drumherum gewickelte Papier soll die Fremdinformationen, mit denen wir teilweise "eingewickelt" wurden, symbolisieren. Auf vielen Blättern steht, was angeblich gut oder schlecht, modern oder unmodern, bekömmlich oder unbekömmlich sein soll, was wir zu tun oder zu lassen haben. Und dann wollen wir uns so dringend ent - wickeln, um zu uns selbst zurück zu finden.... Walther, ich sehe dich gerade ganz lebendig vor mir, deine ausdrucksstarken Augen und die Stimme, die ich so mag: "Dann braucht man aber viel "Scheiße", um möglichst schnell zu sich zu kommen!"

Volltreffer! Das war die Ergänzung, die noch fehlte. Natürlich träumst auch du von "Menschen-kindern", die ohne jede Not, voller Abenteuerlust und Neugierde, in den Seiten ihrer Rolle stöbern und wach für sich und unsere Welt werden.

Doch wenn´s uns gut geht, sind wir verführt an der Oberfläche zu bleiben. Bei Sorgen schauen wir meist tiefer. Du hast unzähligen Menschen geholfen, zu sich zurück zu finden. Deine Herrenalb Klinik hat viele "Ableger" bekommen, wo in deinem Geiste weitergemacht wird.

Lieber Walther, ich möchte aufmerksam auf das machen, was aus meiner Sicht Aufmerksamkeit verdient hat. Darum widme ich dir, der sein Leben in den Dienst einer ganzheitlichen Medizin gestellt hat und unermüdlich ermuntert über gesteckte Grenzen konstruktiv nachzudenken, in Liebe und Dankbarkeit mein Buch BANDSCHEIBENGEFLÜSTER.

Sigrid Lehrke

FÖRDERKREIS FÜR GANZHEITSMEDIZIN
BAD HERRENALB e.V.
Sägwasenplatz 4
76332 Bad Herrenalb

Tel. 07083 / 38 45
Fax: 07083 / 23 07
e-mail: info@foerder-kreis.de
internet: www.foerder-kreis.de

INHALTSVERZEICHNIS

DER SCHRECK AM NACHMITTAG

"Wann haben Sie Ihren nächsten Arzttermin?" Die Stimme der Röntgenärztin lässt nichts Gutes vermuten. "Warum, ist was?" Meine Mundhöhle wird trocken. Ihr Gesichtsausdruck macht mich nervös. Ich soll bald zu Dr. Stahlmann. Er wird mir alles erklären. Etwas zieht meinen Hals zusammen. Vorhin hatte ich einfach nur Rückenschmerzen. Darum die Computertomografie. Mein Arzt hatte es vorgeschlagen. Er ist Orthopäde. "Können Sie nicht vielleicht... ?" Ich fühle mich wie ein bittendes Kind. Sie bleibt neutral. "Nein, das ist nicht meine Aufgabe. Wir schicken die Auswertung an Ihren Arzt. Er kann vorher anrufen. Wie in Trance verlasse ich die Röntgenabteilung des kleinen Krankenhauses, steige in mein Auto, fahre los.

Oh Gott, wenn es Krebs ist! Vorhin sah die Stadt ganz anders aus. Irgendwer hupt neben mir, zeigt mir einen Vogel. Ich könnte heulen. Sofort zu Dr. Stahlmann! Hoffentlich hat er Sprechstunde. Er hat. Die sieben Etagen bis zur Praxis hoch empfinde ich länger als sonst. Der Fahrstuhl fährt im Schneckentempo. Endlich bin ich da. An einem der Empfangsschalter sitzt die Sprechstundenhilfe, die ich als streng empfinde. Der andere Schalter ist leer. Ich versuche der jungen Frau mein Anliegen zu erklären. "Sie wollen einen Termin beim Doktor?!" Sie blickt auf das halbvolle Wartezimmer. "Und das jetzt?!" Schon wieder das Würgen im Hals. Ich erkläre noch mal und beginne zu stottern. Vor lauter

Unsicherheit habe ich mich innerlich auf den Stand eines ängstlichen Kleinkindes gebracht. Am zweiten Schalter erscheint die freundliche Arzthelferin, Frau Hermann. Sie mischt sich in unseren Gesprächsversuch ein. Ich erzähle, was geschehen ist.

Sie versteht. Endlich darf ich mich setzen. Sie befragt den Computer, ruft die Röntgenabteilung des Krankenhauses an, fragt nach. Dabei lächelt sie freundlich und beruhigend zu mir herüber. Unendlich dankbar fühle ich mich langsam wieder erwachsener. Ich atme tief und gleichmäßig und kann gleich besser denken. Dann versuche ich mir klar zu machen, in welcher Situation ich mich befinde. Seit ungefähr drei Jahren habe ich ziehende Schmerzen im unteren Rücken. Mal mehr, mal weniger. Folgerichtig bin ich zum Orthopäden gegangen. Dr. Stahlmann gefiel mir. Er ist klassischer Schulmediziner, kann aber auch akupunktieren. Ich bin Kassenpatientin. Akupunktur ist keine Regelleistung, wird nur in bestimmten Fällen von der Krankenkasse bezahlt. Ärzte, die über die gängigen Methoden hinausschauen können, sind mir sympathisch. Anfangs checkte er mich mit seiner merkwürdigen Methode durch. Durch leichtes Kneifen, zum Beispiel an den Augenbrauen, erkannte er energetische Blockaden, die den Fluss meiner Körperenergie behinderten. Er renkte mit kurzen Bewegungen Gelenke und Wirbel ein, brachte Gestautes zum Fließen. Danach ging es mir lange richtig gut. Ich war begeistert. Nun sitze ich hier und mein früh erlerntes Misstrauen aktiviert sich. Gedanken schießen durch meinen Kopf. Wenn Dr.

Stahlmann nun etwas verkehrt gemacht hat? Vielleicht haben doch die recht, die klassische Schulmedizin als das einzig wahre empfinden? Verdammt, ich hatte mir vorgenommen, sollte es einmal darauf ankommen, mich nicht ängstlich auf die "nur" Schulmedizin zu verlassen! Mein Name wird aufgerufen. Ich bin erstaunt, so schnell dranzukommen.

Im Ordinationszimmer geht Dr. Stahlmann mit verschränkten Armen auf und ab. Komisch, sonst ist immer eine Helferin dabei, gibt Befunde in den Computer ein. Kurzer Händedruck, er geht weiter auf und ab. "Tja, Sie haben tatsächlich einen Bandscheibenvorfall!" Mir fällt ein Stein vom Herzen. Ich bin froh, keinen Krebs oder Schlimmeres zu haben. "Stellen Sie sich doch mal auf die Zehenspitzen." Ich schlüpfe aus meinen Latschen, gehorche. "Das dürften Sie nicht schmerzfrei können!" Ich bin so begeistert von mir und meiner Merkwürdigkeit, dass ich strahle wie ein Honigkuchenpferd. Dr. Stahlmann ist sichtlich irritiert, rennt noch immer hin und her. "Legen Sie sich auf die Liege, aber vorsichtig!", setzt er hinzu. Er hebt ein Bein nach dem anderen, ist behutsam dabei. "Das hätte ich wirklich nicht gedacht, dass Sie einen Bandscheibenvorfall haben!" Vorausgegangen war ein kleiner Disput zwischen uns. Mir tat es im unteren Rücken mächtig weh. Er hatte mich erneut eingerenkt. Nur kurze Linderung, dann wieder Schmerz. Er gab mir Spritzen in die Region. Zur Entkrampfung. Es wurde nicht besser. Er meckerte freundlich, es habe aber besser zu werden. Ich meckerte zurück: "Ist aber nicht!". Darum die Computertomografie. "Operation muss nicht gleich sein", sagt er. "Operation?", frage ich erstaunt zurück. "Ich kann mich doch bewegen!" Er sieht mich mit Fragezeichen in den Augen an. Ich möchte jetzt ganz genau wissen, was ein Bandscheibenvorfall ist und wo er ist. Dr. Stahlmann wird richtig freundlich und holt eine Wirbelsäule aus Plastik aus dem Schrank. Über dem Steißbein zeigt er auf einen Wirbel. Meine Bandscheibe zwischen Steißbeinwirbel Nummer 1, genannt S1 und dem Ende der Lendenwirbelsäule, Name L5, ist Richtung linke Seite rausgehüpft. Im Stillen nehme ich mir vor, sie wieder reinhüpfen zu lassen und bin ganz beruhigt. "Die krieg' ich schon wieder rein, Operation ist nicht!", teile ich meinem irritiert schauenden Arzt mit. "Geht nicht mehr", kommentiert er. "An einer OP kommen Sie nicht vorbei!" Mir wird wieder flau im Magen. Er erklärt mir, dass der Faserring, der die Bandscheibe umgibt, zerstört sei, und das repariere sich nicht von allein. Wenn die teilweise herausgerutschte Bandscheibe Berührung mit den zum Rücken hin liegenden Nerven bekommt, entstehen in logischer Folge diese irren Schmerzen. Die Bandscheibe hat Wurzelberührung sagt man dazu. Weil ich ganz angespannt zugehört habe, tut mir die Region "Bandscheibenvorfall" richtig doll weh. Innere Anspannung lässt naturgemäß meine Muskeln nicht sehr elastisch sein. Also, wieder gut atmen und loslassen. Ich bin froh, schon vor Jahren meiner Neugierde gefolgt zu sein und jede Menge Kurse in Sachen gesund sein und bleiben gemacht zu haben. Dabei habe ich entdeckt, wie fein und differenziert meine kleinen bis großen Knochen, Muskeln und jede Faser in mir miteinander verwoben sind und wie ich sie durch gezielte Atmung beeinflussen kann. Wir können viel mehr tun, als naturwissenschaftlich orientierte Schulmedizin uns oft glauben machen will.

So atme ich also tief und hoffe auf schmerzlindernde Entspannung. Dr. Stahlmann hat mir inzwischen einen Stuhl hingeschoben und guckt mich sorgenvoll an. "Na, geht es wieder?" Ich bleibe lieber stehen und spüre in mich hinein. Das Atmen hat genutzt, meine Wirbelsäule wirft mir Kusshändchen zu. Ich lächle im Geiste zurück. Dr. Stahlmann schaut auf seine Uhr. Vermutlich freut er sich auf den nächsten ganz normalen Patienten. Er möchte mir eine Arbeitsunfähigkeitsbescheinigung ausstellen. Ich sage, dass ich das gar nicht möchte. Mein Beruf macht mir Freude, und darum bin ich bei meiner Tätigkeit meistens gut entspannt. Etwas erstaunt stimmt er zu. Ich soll jedoch bei jeder Verschlimmerung sofort zu Hause bleiben, die Sache ausliegen. Rückenlage, die Beine im rechten Winkel hochlegen. Er möchte starke Schmerzmittel aufschreiben. Für den Fall der Fälle nehme ich das gerne an. Wir verabschieden uns. Mein Orthopäde sagt sehr deutlich "bis bald!".

Ich fühle mich viel besser, bin froh, dass ich sofort in die Praxis gefahren bin und dass ich mich nicht habe abweisen lassen. Man muss für sich selbst kämpfen können, jeden Tag bringe ich das Menschen bei.

Ich bin Diakonin und unterrichte Religion. Nachdenklich steige ich in mein Auto, merke, dass ich das vorsichtiger tue. Die Diagnose "Bandscheibenvorfall" beeinflusst mich nachhaltig. Auch zu Hause bewege ich mich schonender als früher. Was hat meine Bandscheibe veranlasst, ihren gemütlichen Stammplatz zu verlassen? Direkt über dem Kreuzbein, man sagt auch Sacrum, die heilige Mitte dazu, ist sie rausgehüpft. Ich stelle es mir bildlich vor.

Ein kleines, weiches Etwas hebt mit beiden Pfötchen vorsichtig die Wirbel hoch und lugt hinaus. Irgendwie rührt mich das. ES möchte Aufmerksamkeit von mir. Das kleine Etwas zieht alle Register, um nicht übersehen zu werden. Offensichtlich würde ich es sonst nicht bemerken. Es zwingt mich, meine Aufmerksamkeit auf meine Mitte zu richten. Das stimmt, wenn ich sehr wach für mich bin, für meine Gedanken und Gefühle, nehme ich automatisch die richtige Haltung ein, bei der nichts weh tut. In letzter Zeit habe ich mich wirklich sehr viel um andere und anderes gekümmert, habe mir wenig Zeit für mich selbst genommen.

Dabei rede ich jeden Tag mit meinen Schülern darüber, wie wichtig es ist, bei sich selbst zu sein, sich seiner selbst bewusst zu sein, gleich Selbstbewusstsein. Nur wer mit sich selbst verantwortlich und liebevoll umgehen kann, kann das auch mit andern. "Du sollst deinen Nächsten lieben wie dich selbst." So steht es seit Jahrhunderten in der Bibel geschrieben. Manchmal sage ich meinen Schülern, sie sollen das Leben als ein großes Abenteuer begreifen, das angemessen begangen werden will. Unser Körper könnte der Raumanzug für diesen

Planeten sein, mit begrenzter Haltbarkeit. Also, pflegebedürftig. Wo gibt es die Pflegeanleitung? Religion als Führerschein für das Leben? Das war vielleicht mal so gedacht, gelingt aber nur manchmal. Das Schulfach Biologie?

Wieder einmal wird mir klar, wie wichtig das Erlernen einer angemessenen Umgangsform mit uns selbst ist. Und das möglichst schon in jungen Jahren. In meiner eigenen Schulzeit habe ich viel geträumt und mit Sicherheit viel zu lernen versäumt. Sowas muss man später schmerzlich nachholen! Ich verspreche meiner Bandscheibe, mir Mühe zu geben und stelle mir vor, dass sie ein wenig misstrauisch bleibt.

STRESS AM ARBEITSPLATZ

In der Folgezeit macht sich meine Bandscheibe öfter bemerkbar. Manchmal wache ich nachts auf und stelle fest, dass mein linkes Bein eingeschlafen ist. Das Aufstehen am Morgen fällt mir schwerer als gewohnt. Einige Schüler bemerken, dass ich plötzlich langsamer gehe. Ich erzähle ihnen von meiner verschobenen Bandscheibe, erkläre es kindgemäß. Unser Rektor erteilt Biologie und greift das Thema auf. Eine Sechstklässlerin kommt aufgeregt angerannt, ruft schon von weitem: "Wegen Ihnen habe ich in Bio eine Eins bekommen!" Auf die Frage des Schulleiters, wer denn wisse, was eine Bandscheibe sei, habe sie geantwortet: "Eine Scheibe zwischen den Wirbeln, damit sie nicht aneinander reiben, ähnlich wie Gummibärchenmasse." Sie strahlt mich an, erzählt weiter: "Ich sagte ihm auch, so hat unsere Religionslehrerin das erklärt." Zu unserem Raumanzug gehört, um aufrecht zu sein, eine Wirbelsäule mit sieben Halswirbeln, zwölf Brustwirbeln, fünf Lendenwirbeln, das Kreuzbein und das Steißbein. Warum und wieso ab und an eine Bandscheibe verrutscht, darüber streiten sich angeblich die Gelehrten. Natürlich sind mangelnder Sport, falsche Ernährung und Unfälle Hauptverursacher. Aber es gibt Menschen, die sich ungesund ernähren, keinen Sport treiben und keine Bandscheibe hüpft heraus! Da ist ja noch das Unsichtbare, was eine nicht unerhebliche Rolle spielt. Religion nennt es Seele, Psychologie spricht von dem Unbewussten und der Psyche, was auf griechisch auch Seele heißt. Jedenfalls steht fest, dass es mehr gibt, als wir sehen können. Und dieses "Mehr" macht sich bemerkbar, wenn wir es nicht bemerken wollen.

Wie das Leben so spielt, schleicht sich in der Schule Stress ein. Einige Kollegen sind krank, andere müssen sie vertreten. Auch ich. Klassen, in denen ich sowieso unterrichte, machen mir keine Probleme. Es ist ein verregneter Montag, tief hängen die Wolken über dem Schulhof. Eigentlich wäre die dritte Stunde für mich frei. Der Vertretungsplan grinst mich böse an. Die Freistunde ist gestrichen, dafür muss ich in die 6b! Jeder von uns Lehrern fürchtet sich vor dieser Klasse. Mit zwölf Jahren können Kinder in einer turbulenten Großstadt ziemlich nervig sein. Mein Rücken tut mir heute besonders weh. Das mag an dem Tiefdruckwetter liegen. Und jetzt noch Vertretungsunterricht in dieser Klasse, deren Schüler ich nur aus Erzählungen und durch Beobachtungen in der Pause kenne! Ich versuche mit dem Kollegen zu verhandeln, der für die Gestaltung des Stundenplans zuständig ist. Verständlicherweise ist der an so einem Tag auch schwer genervt. Ich bekomme eine kurze und knappe Auskunft: "Wer zur Arbeit kommt, muss voll einsatzfähig sein." Mir ist zum Heulen zumute. Er hat ja Recht.

Trotzdem bräuchte ich jetzt eine liebe verständnisvolle Mama, die mich in den Arm nimmt und mir den Unterricht in der 6b erspart. Immer muss man im Job so schrecklich erwachsen sein! Also nehme ich mich zusammen und mache mich auf den Weg in die Klasse. Das Zusammennehmen bringt meine herausgehüpfte Bandscheibe an ihre nervige Ecke. Das hat mir gerade noch gefehlt!! Die Kinder sind in Hochform. Ich höre sie schon von weitem. Innerlich flehe ich den lieben Gott an, er möge sich etwas einfallen lassen. Nun ist dieser kein Zauberer, sondern der, welcher mir eigenes Gehirn und Entscheidungsfreiheit mitgegeben hat. Meine Bandscheibe sendet stechende Signale, mein linkes Bein ist nicht nur eingeschlafen, sondern tut' jetzt gleich an mehreren Stellen weh.

Ich betrete die Klasse und gelange irgendwie vorn an den Lehrertisch. Die Kinder nehmen mich gar nicht wahr. Ich bin so wütend, dass ich laut brülle: "Ruhe! Das ist ja wohl das allerletzte Verhalten!" Augenblicklich ist es totenstill. Erstaunte Augenpaare schauen mich an. Ein Junge ruft aus der letzten Reihe: "Ich denke, die soll nett sein!" Sofort quasseln alle wieder los. Ich brülle in die Menge: "Nett kann ich nur sein, wenn ihr es auch seid." Ein Mädchen ruft laut: "Seid doch mal still, mal hören was wir machen." Ich nehme mich zusammen, nutze die eintretende Ruhe, versuche tief zu atmen, um mich zu entspannen und sage, dass wir ein Spiel machen werden. Die Klasse johlt vor Freude. Gleichzeitiges Zusammennehmen und Entspannen kriegt kein Mensch hin. Also versuche ich meine Schmerzen zu ignorieren und erkläre das Spiel. Man muss bei diesem Spiel ganz leise sein, sonst ist es völlig sinnlos. Gott sei Dank verstehen die Kinder das und sind wirklich ziemlich ruhig. Die Hälfte der Klasse soll nach vorn kommen, sich in einer Reihe an die Tafel stellen. Die andern legen ihren Kopf in ihre verschränkten Arme auf den Tisch, Augen zu. Dann schleichen die von vorn jedes zu einem Kind und streicheln es über den Rücken. Buchstaben malen, leichtes Massieren im Genick ist gestattet. Keiner darf auf die Wirbelsäule gehen! Zum Schluss streicht man mit beiden Händen von oben nach unten den Rücken aus. Dann kommen die Streichelkinder wieder in eine Reihe nach vorn und die Gestreichelten heben ihre Köpfe. Wer es angenehm fand, meldet sich, als Rückmeldung für die, die "behandelt" haben. Ich frage jedes Kind, was es denkt, wer gestreichelt hat. Erst zum Schluss sagen die vorne stehenden Schüler, wer wen so schön berührt hat. Dann wird getauscht. Egal ob richtig oder falsch geraten. Jeder soll seine Streicheleinheiten bekommen.

Die Kinder sind begeistert und sehen offensichtlich ein, dass zu diesem Spiel unbedingte Ruhe nötig ist. Die Aufmerksamkeit der Schüler nutzend, erkläre ich ihnen, wie wichtig ein angemessenes Maß von An- und Entspannung ist. Darüber hatten alle noch nie nachgedacht. Ich erzähle, dass häufiges sich Zusammennehmen krank macht, auf diese Weise Verspannungen im Genick entstehen, dass richtiges Atmen notwendig ist. Ja, wirklich die Not der Schmerzen wenden kann. Fast alle Kinder in dieser Klasse haben ein verspanntes Genick! Sie gehen bei diesem Spiel wirklich behutsam mit ihren Klassenkameraden um. So gut es geht gehe ich zwischen den sich gegenseitig "gut tuenden" Schülern umher, gebe

Hilfestellung, wo es nötig ist und entspanne mich jetzt wirklich selbst ein wenig mehr. Irgendwann ist die Stunde um. Die Schüler hätten gerne noch weiter gemacht. Nachdenklich gehe ich ins Lehrerzimmer und freue mich auf meine Pause. Ich werfe einen Blick in den Vertretungsplan für den nächsten Tag.

Die erste Stunde in der 2a fällt morgen früh aus. Ein Geschenk des Himmels! Morgen kann ich also etwas später aufstehen. Der Gedanke allein tut unendlich gut. "Morgen früh hast du etwas weniger Stress", teile ich meiner Bandscheibe mit und hoffe, sie dankt es mir mit einem Millimeter Rückzug von der Schmerzstelle. Die nächste Stunde will unterrichtet werden. Ich mache mich auf den Weg in die 4c. Freundliche Kinder erwarten mich, fragen gleich, wie es meinem Rücken geht. Mein kleiner Quälgeist im unteren Rücken ist wirklich friedlicher geworden. Die Schulstunde verläuft sehr angenehm. Trotzdem freue ich mich auf die große Pause. Ich habe ein hohes Maß an Ruhebedürfnis. Weil es regnet wird abgeklingelt! Das heißt für mich, in der 4c bleiben und die Kinder die nächsten zwanzig Minuten beaufsichtigen, und dann sofort in die nächste Klasse. Kinder brauchen Bewegung und Austausch. Da geht es recht lebendig zu. Einige freuen sich auch, mir für sie wichtige Dinge zu erzählen. So wird die Regenpause anstrengend. Eine Kollegin betritt mit einem Zettel in der Hand den Raum, kommt zu mir. "Den soll ich dir geben, musst morgen irgendwas vertreten." Die Mitteilung betrifft die erste Stunde. Ich soll die 6b vertreten. Schon wieder!

Verzweiflung greift nach mir. Ich werde ablehnen. Ich will nicht mehr, ich kann nicht mehr! Von mir aus soll meine Bandscheibe wüten und rutschen wohin sie will. Ich bin so maßlos überfordert, dass ich dem Organisator des Vertretungsplans, der mir später über den Weg läuft, mitteile, dass ich das nicht tun möchte. Fassungslos guckt er mich an, versteht vermutlich kein Wort. Wir zanken uns richtig. Schmerzen lassen unsachlich werden, soviel steht fest. Ganz offensichtlich bin ich nicht mehr in der Lage freundlich auf Eigenarten anderer einzugehen. Das heißt, ich bin gar nicht mehr so diplomatisch wie sonst. Natürlich ist jeder für sich selbst verantwortlich. Ich kann nicht andere für meine Krankheiten büßen lassen. Man sollte es schon früh genug mitteilen, wenn man eine Tätigkeit nicht mehr ausüben kann. Die Stunde am nächsten Morgen erteile ich nicht. Die Kinder und ich dürfen eine Stunde später kommen. Doch ich kann das kaum genießen. Die folgenden Tage in der Schule erlebe ich spannungsgeladen. Ich freue mich auf das Wochenende.

BANDSCHEIBENGEFLÜSTER

Bandscheibe hin, Bandscheibe her. Am Samstag bin ich zu einer Geburtstagsparty bei einer Freundin eingeladen. Claudia ist in der Lage, mit ihrem Lachen ein Haus zum Einstürzen zu bringen. Eine heitere Stimmung und fröhliche Menschen könnten mir sicher gut tun. Also fahre ich hin. Claudia freut sich. Ihr Ehemann wird fünfzig Jahre alt. Er ist Studienrat an einem Gymnasium und hat auch einige Kollegen eingeladen. Man stellt sich gegenseitig vor, plaudert, trinkt, und freut sich über das leckere Buffet.

Die Fleischbällchen schmecken einfach köstlich. Neben mir sitzt Klaus, Studienrat für Latein und Deutsch. Er ist ungefähr zweiundvierzig Jahre alt und ein Frauentyp. Wir tauschen uns gerade etwas aus. Hinten, am Buffet, stimmt Claudia einen ihrer infernalischen Lachkrämpfe an. Wir lachen alle mit. Klaus krümmt sich plötzlich nach vorn, zwingt sich mit dem Lachen aufzuhören, schreit laut: "Aua, Mensch, ick hab' doch 'ne Bandscheibe!" Claudia stellt ihr Gelächter ein. Ihr Ehemann sagt schmunzelnd: "Du bringst mit deinem Gegacker den Klaus noch in die Frühpensionierung!" Nur sehr langsam kommt Klaus in seine alte Sitzhaltung zurück. Die Feier geht normal weiter. Ich bin neugierig geworden, spreche Klaus auf seine Bandscheibe an. Er weiß so gut wie nichts über das, was in ihm vorgeht. Über das Außen der Welt weiß er mehr als ich. Sein Arzt hat bei ihm vor kurzem einen Bandscheibenvorfall diagnostiziert. "Irgendwo im unteren Rücken”. Wo und was das genau ist, weiß er nicht. "Muss operiert werden", teilt er noch achselzuckend mit, und trinkt sein Bierchen mit Genuss. Er ist echter Berliner und setzt diesen Dialekt voller Freude ein. Das macht ihn sympathisch. Er wirkt wie ein großer Junge.

Ich bohre nach, ob er wirklich keine Ahnung hat. Klaus wird richtig ernst, bekommt eine fast belegte Stimme und richtiges Interesse am Thema "Bandscheibe". Er hat wirklich noch nie darüber nachgedacht, dass man seine Gesundheit selbst beeinflussen kann! Viele Menschen kennen ihr Auto wie ihre Westentasche und pflegen es auch gut, damit es länger hält und für einen vernünftigen Preis wieder verkauft werden kann. Würde eine Werkstatt den noch funktionalen Auspuff erneuern wollen, gäbe es Protest. Man würde noch andere Fachleute dazu befragen, sich mehrere Angebote einholen, falls notwendig. Sagt aber ein Arzt, dass die Bandscheibe operiert werden muss, erkundigen sich die wenigsten, was es da noch auf dem Markt der Möglichkeiten anderes gibt. Oft stimmen sie dem ersten Operationsvorschlag zu. Das kann unter Umständen richtig sein. Es kann aber auch fatale Folgen haben. Bei einer Reise vor wenigen Wochen traf ich in einem Zeitungsgeschäft Adele. Wir haben uns vor Jahren in der Türkei kennen gelernt. Sie unterrichtete an einer deutschen Schule im Ausland und wurde meist als Klassenlehrerin eingesetzt. Nach dem was sie erzählte, machte sie das richtig gut. Gemeinsam lernten wir Surfen und hatten viel Spaß miteinander. Nach diesem Urlaub schrieben wir uns noch eine Zeit lang, dann verlor sich die Spur. Ich betrete also das Zeitungsgeschäft, sehe vorn an der Kasse eine Frau die mich an Adele erinnert. Von der Seite erkenne ich, sie ist es! Ich rufe ihren Namen aus, bin ganz erfreut. Müde dreht sie sich zur Seite, sagt nichts, winkt ab. "Adele was ist los?!" gebe ich fast etwas zu laut von mir.

"Alles Scheiße!", sagt sie mitten in den kleinen Laden hinein und geht raus. Ich rufe ihr hinterher, sie solle doch warten, bezahle schnell meine Zeitung und folge ihr. Draußen steht sie, sieht eigentlich aus wie damals. Schlanke Figur, schöne braune Haare, gut gekleidet. Ich frage noch mal was los sei. "Ach, ich bin voller Morphium", sagt sie müde. Ich bin entsetzt. "Gegen die Schmerzen", sagt sie. "Adele, was ist geschehen?" Das schreie ich fast.

Adele beginnt zu erzählen. Vom Auslandsaufenthalt nach Deutschland zurückgekehrt, wurde sie an einem anderen Schultyp als gewohnt eingesetzt. Weil sie so flexibel ist. Nach und nach tat ihr immer mehr der untere Rücken weh. "Hexenschuss oder so was, dachte ich", sagt sie grinsend. Sie sei zu Professor... gegangen. Ihre Augen leuchten auf als sie seinen Namen nennt. Mir ist klar, dass man Professor... kennen müsste, wenn man was auf sich hält. Fast schäme ich mich, als ich nachfrage, wer das sei und wo er tätig ist. Sie klärt mich auf und zeigt dabei ihr spitzbübisches Lächeln, das sie beim Surfen hatte, wenn sie besser war als ich. Sie gerät ins Schwärmen über ihn, teilt mir mitten im Erzählen mit, dass er einen Bandscheibenvorfall diagnostizierte, ihr zur Operation riet, diese durchführte und versaute. Sie benutzt wirklich dieses Wort. Irgendwie merkwürdig begeistert erzählt sie von der verpfuschten ersten Operation. Es folgte nämlich noch eine zweite. Dann Morphium gegen die unerträglichen Schmerzen, ein wenig später die Zwangspensionierung. "Ich bin jetzt Schmerzpatientin", sagt sie mit einem trotzigen Blick in den Augen. "Die werden schon sehen, was sie davon haben!"

Ich muss den Kloß runterschlucken, den ich im Hals habe. Wer, um Himmels Willen, sind denn "Die?" Ich frage, ob sie Professor... verklagen will. "Nein" sagt sie fast empört. "Die halten doch alle zusammen." Adele wusste wenigstens, wo ihr Bandscheibenvorfall sitzt. Genau an der gleichen Stelle wie bei mir, was ich nun seit einigen Tagen weiß. Warum fragt so eine kluge Frau nicht nach anderen Möglichkeiten, lässt sich vom Ruhm eines Namens verführen? Sicher hat Professor... Hunderte von erfolgreichen Operationen vollzogen, doch nachdenklich hat mich das Wiedersehen mit Adele schon gemacht. Was würde ich tun, wenn meine Schmerzen unerträglich würden?

Aber das waren sie bei Adele ja gar nicht! Nur ab und an so doll "Hexenschuss". Genau wie jetzt bei mir. In Dr. Stahlmanns Praxis gibt es als andere Möglichkeit noch die Akupunktur zur Schmerzlinderung. Das kann zwar teuer werden, doch es ist ein Weg. "Ich lass' mich jedenfalls nicht operieren!", sage ich zu Herrn Studienrat Klaus, der sich geduldig meine Geschichten anhört und inzwischen das fünfte Bierchen trinkt. Meine langjährige Freundin, Neurologin, viele Jahre in eigener Praxis, sagte zu mir: "Vergiss nicht die gelungenen Operationen." Sie erzählte von einer ehemaligen Klassenkameradin, die vor einundzwanzig Jahren an der Bandscheibe in der Lendenwirbelregion operiert wurde und außer Skifahren ihren Lebensstil unverändert fortsetzte. Trotzdem unterstützt mich meine Freundin sehr, meinen individuellen Weg zu gehen und auf meine innere Stimme zu hören.

Klaus will wissen was eine innere Stimme ist. "Frage deine Bandscheibe, ob sie zerstückelt werden will", sage ich. Mein Gesprächspartner bittet mich grinsend, ihm dieses vorzumachen. Ich beuge mich zu ihm, frage in Richtung Lendenwirbelsäule : "Du Kleine da drinnen, möchtest du operiert werden?" "Nein, ich möchte von dir gestreichelt werden", flüstert Klaus als Antwort, und wir beide brechen in schallendes Gelächter aus. Ich habe einige Gläser Rotwein getrunken und bin auch nicht mehr ganz nüchtern. So wird es ein vergnüglicher Abend. Wir lauschen gegenseitig an unseren Bandscheiben und erfinden die tollsten Geschichten. Klaus' Bandscheibe bekommt die erbetenen Streicheleinheiten, wobei er wie ein Kater schnurrt. In seiner Kindheit gab es wenig Zärtlichkeit. Kinder würden viel für ein bisschen wirkliche Zuwendung geben, auch wenn sie keine hervorragende Leistung erbringen. Sie erzählen mir das täglich. Es ist "kalt" in vielen Elternhäusern. Und wer selbst nichts hat, kann auch nichts geben. Darum muss man sich selbst kennen und mögen lernen. Klaus erzählt von seiner Kindheit. Lob gab es nur für gute Zensuren oder wenn er der Mutter half. Sein Vater war ein harter Mann, dem Geld und Macht die wichtigsten Anliegen waren. Über sich selbst hat Klaus nie nachgedacht. Nur was seine abfragbaren und sichtbaren Leistungen anbelangt. Unsichtbare Dinge wurden nie bedacht. "Die Luft kann man auch nicht sehen, und trotzdem wären wir schnell tot, würde sie entzogen", gebe ich oberschlau von mir.

Klaus beugt sich zu meinem Bauch herunter und sagt zu meiner Bandscheibe: "Du hast eine schlaue Mama." Wir lachen beide. "Psst" sagt Klaus, "meine Bandscheibe will dir was flüstern". Ich gehe mit meinem Ohr zu seiner Bandscheibe. "Du bist lieb!" kommt es zärtlich von Klaus' Lippen. Es klingt fast so, als ob ein ganz kleiner Junge spricht. Claudia kommt zu uns, fragt nach, welche Spielchen wir machen. "Bandscheibengeflüster", sagt Klaus und trinkt sein neues Bierchen in einem Zug aus. Claudia bleibt bei uns sitzen. Wir wechseln das Thema, reden über die Geschenke, das Essen und die Arbeit, die sie mit dem Buffet hatte. Klaus bestellt sich ein Taxi, er will nach Hause zu seinem homosexuellen Partner. Viele Gäste gehen jetzt. Ich helfe Claudia noch ein wenig bei den Aufräumarbeiten und fahre auch nach Hause. Unterwegs überlege ich, ob ich eine Kur machen sollte. Warme Bäder, vielleicht etwas Massage, Radfahren, und mich wirklich nur um mich selbst und meine Gesundheit kümmern. Ach ja, Zeit für das Abenteuer Leben haben!

DIE QUAL DER WAHL

Manchmal gehen mir meine Gedanken auf die Nerven. Dann will ich nur noch diese Rückenschmerzen loswerden und fertig! Ab und an erwische ich mich schon bei dem Gedanken an eine schöne, einfache Operation, nach der alles im besten Lot ist und ich wie eh und je durch die Welt hüpfen kann. Ich entschließe mich zu einem Besuch bei meinem alten anthroposophischen Arzt, Dr.V. Irgendwie hilft er mir immer weiter. Er ist Schulmediziner mit eben der Ausrichtung, den Menschen in seiner Ganzheit und im Zusammenklang mit dem Übersinnlichen zu betrachten.

Die Anthroposophen (nach der Lehre Dr. Rudolf Steiners, seit 1913) betreiben erfolgreich Schulen, Kindergärten, Krankenhäuser. Ich habe in jungen Jahren einmal einige Monate in einer anthroposophischen Schule mitgearbeitet. Das ganzheitliche Denken und Handeln hat mir sehr gefallen. Alle Kinder waren äußerst motiviert und jedes wurde in seiner Einzigartigkeit gesehen. Dr.V. lächelt nachsichtig, als ich von meiner Ungeduld erzähle. "Sie haben sich doch auch viel Zeit gelassen, Ihre Bandscheibe in diese Position zu bringen. Nun lassen Sie sich auch Zeit, sich selbst ernst zu nehmen und zu betrachten, was Sie sich mitzuteilen haben." Er erklärt mir, wie ich mich ab jetzt bewegen sollte, rät zur Geduld, gibt mir ein natürliches Mittel, das subcutan neben L5/S1 gespritzt werden soll. Er weiß, dass unter mir eine

Krankenschwester wohnt, die das übernehmen kann. Wir kennen uns schon einige Jahre. Sollten die Schmerzen übermäßig sein, rät auch er zum klassischen, normalen Schmerzmittel. Von Operation ist keine Rede. Nach einem Besuch bei Dr.V. fühle ich mich immer wieder richtig. Beruhigt fahre ich nach Hause.

Ich klingle bei Gela, der Krankenschwester, und erzähle ihr von meinem Arztbesuch. Wie meist findet sie es total interessant. "Was du immer alles machst", sagt sie und erzählt wie anders es in ihrem Krankenhaus zugeht, wo sie seit Jahren als Stationsschwester tätig ist. Gela hat mir schon öfter natürliche Mittel der Anthroposophie unter die Haut gespritzt. Wenn ich manchmal hartnäckigen Schnupfen hatte, war das eine sehr wirkungsvolle Sache. Diese kleinen Spritzen gab es in den Oberarm. Als ich Gela bitte, neben die Wirbelsäule zu spritzen, kippt sie vor Schreck fast in Ohnmacht. "Subcutan spritzt man nur in den Oberarm", gibt sie von sich. Sie hat es so gelernt. Ich gebe zu bedenken, dass die Diabetes-Patienten sich doch auch ihre "Zuckerspritze" selbst in den Unterbauch unter die Haut spritzen. Gela bleibt nervös. Wir kennen uns schon viele Jahre und reden sehr vertraut miteinander. "Wie schwer es ist über die erlernten Grenzen zu gehen", sagt sie nach langer Diskussion. Als sie mir die erste Spritze gibt, zittern ihr vorher etwas die Hände. Die Mischung in der Ampulle soll, gemäß der anthroposophischen Lehre, den Heilungsprozess förderlich begleiten.

Gela kommt jeden dritten Tag zu mir und findet sich wegen der Erweiterung ihres Bewusstseins richtig gut.

Nach der Spritze plaudern wir dann über dieses und jenes. Ich bin entspannt und gebe mir Mühe für meine verrutschte Mitte wach zu bleiben. Ab und zu telefoniere ich mit meiner Freundin der Neurologin, die außerhalb von Berlin lebt. Heute erzählt sie mir von einem Zeitungsartikel in einer weitverbreiteten Zeitung. Da wird über eine neue Operationsmethode der Bandscheibe geschrieben. "OP wie ein Mückenstich" steht da. Unter örtlicher Betäubung wird repariert. Sie findet solche Artikel problematisch, weil sie unter Umständen Menschen vermittelt, ab jetzt sei eine Bandscheiben-OP nur noch wie ein Mückenstich, nach drei Tagen Krankenhaus geht man schon nach Hause, anschließend ist keine Rehabilitation mehr nötig. In diesem Sinne enthält so ein Artikel, gewollt oder ungewollt, neben allen wichtigen Informationen, auch eine verharmlosende Botschaft. Sie will richtig verstanden werden und erklärt mir, das es sicher Patienten gibt, für die diese neue Methode genau das Richtige ist.

Doch leider werden solche Zeitungsartikel, erschienen in einem vielgelesenen Tagesblatt, auch pauschalisiert und missverstanden. Sie kennt es aus jahrelanger Praxis als niedergelassene Ärztin für Neurologie, dass Patienten durch Zeitungsartikel pseudoaufgeklärt sind. In Folge verharmlosen sie manchmal recht verantwortungslos ihre Leiden, gehen unter Umständen viel zu spät zum Arzt, weil heutzutage eben alles schnell und ohne große Folgen repariert werden kann. Viele Menschen wissen nicht, dass auch Krankenhäuser im Wettkampf miteinander stehen. Man muss Geld einnehmen und wirbt für seine Methode. Und diese Methoden sind sehr unterschiedlich. Es kommt darauf an, was für Geräte, Ärzte, Verbindungen zu anderen wichtigen Institutionen das jeweilige Haus hat. Für die Bandscheibe gibt es sehr viele unterschiedliche Methoden zur Schmerzbehebung. Ich stelle mir den Studienrat von der Geburtstagsfete neulich vor. Von wegen "...ick hab' ne Bandscheibe". Wenn der von dem Artikel hört, lässt er sich vielleicht ins erstbeste Krankenhaus einweisen, weil er einen "Mücken-stich" schon verkraften wird.

Dass der Professor, der die Methode "wie ein Mückenstich" erfunden hat, weit weg ist und eventuell nur auserlesene Patienten behandelt, könnte glatt an ihm vorüberrauschen. Man sollte schon genau nachfragen, bevor man sich für eine der vielen Möglichkeiten entscheidet. Ich kriege Gänsehaut, wenn ich an Adele denke. Obwohl hoch gebildet, war für sie nur die Operation denkbar. Sie kam nicht auf den Gedanken über ihre Grenzen zu gehen, nach anderen Möglichkeiten der Behandlung zu suchen. Obwohl sie beruflich sogar im Ausland gearbeitet hat. Es ist schon merkwürdig, wenn es an die Reparatur unserer eigenen "Bausteine" geht, werden wir offensichtlich schnell unsicher. Darum sammle ich viele Informationen. Nur, wie setze ich die sinnvoll um? Meine Krankenkasse bietet ein Informationszentrum an. Da kann man anrufen, nachfragen welche Möglichkeiten es gibt, sich Broschüren zuschicken lassen. Das habe ich auch gemacht.

Außerdem frage ich jeden, den ich kenne, ob er oder sie etwas Schlaues zum Thema "Bandscheibenvorfall" weiß. Eine Kollegin gibt mir jetzt regelmäßig Artikel aus einer richtigen Tratschzeitung. Ich bin nun darüber informiert wer in Adelskreisen Bandscheibenschäden hat. Spannend! Auch an echten Berühmtheiten geht das nicht vorüber. Das ist doch schon mal beruhigend. Franz, ein Wirtschaftsboss, erzählte mir, dass in seiner Firma viele junge Manager Bandscheibenvorfälle hätten. Er fragte mich, woran das wohl liegen möge. Ich sagte ihm lachend, dass sie die falsche Haltung dem Leben gegenüber hätten. Er war fasziniert und guckte dann so ernst, als ginge ihm ein Kronleuchter auf.

Auch mir ist klar, dass ich gezwungen bin, meine alte Haltung zu verändern. Als Jüngste in meiner Familie bin ich kaum zu großer Selbstständigkeit angehalten worden. Auf mich selbst zu hören, meiner inneren Stimme zu "gehorchen", musste und muss ich immer wieder neu lernen. Als Jüngstes hat man oft den Part des Unbeschwerten. Die Älteren sagen, wo es lang geht. In jeder Schulklasse erkenne ich die Ältesten und die Jüngsten. Einzelkinder sind den Ältesten ähnlich. Über dieses Thema gibt es in der Psychologie reichlich Literatur. Klaus, der Studienrat ist übrigens auch ein jüngstes Geschwisterkind. Ich habe ihn gefragt. Also bin ich schwer gefordert, in Sachen Bandscheibe nicht auf den "großen" Onkel Dr. zu hören, sondern selbst auf Forschungsreise zu gehen. Selbstverständlich lasse ich mich dabei von Fachleuten beraten. Alles andere wäre

Unsinn. Meine Krankenkasse hat mir einiges an Material geschickt. Ich mache mich sachkundig, was sie bezahlt und was nicht. Ich kann in jedes Krankenhaus in Deutschland gehen. Vorausgesetzt, es erfüllt die vertraglichen Bedingungen. Nur die Fahrtkosten muss ich außerhalb meines Wohnortes selbst bezahlen. Neulich war in einem anspruchsvollen, bekannten Wochenmagazin eine gute Reportage über Kliniken in Deutschland, die im Bereich der Orthopädie tätig sind.

In langen Sparten wurde ausgewertet wer wie und wo was operiert. Den Artikel habe ich mir aufbewahrt. Für den Fall der Fälle. Ein anderes Wochenmagazin hatte wenig später einen ähnlichen Leitartikel, der auch interessant war und den ich auch aufbewahrt habe. Mir ist aufgefallen, dass es die unterschiedlichsten Möglichkeiten zur Therapie einer verrutschten Bandscheibe gibt. Einige sagen, heutzutage würde nicht mehr so schnell operiert. Meinen anthroposophischen HNO-Arzt, den ich sehr schätze, habe ich auch befragt. Er hat mir erzählt, dass er, als junger Mann, selbst seine verrutschte Bandscheibe hat operieren lassen. Er hatte Angst um seine Männlichkeit, meinte er schmunzelnd. Aus diesem Grund tun's die meisten.

Davon hatte ich schon gehört und auch davon, dass durch die im Lendenwirbelsäulenbereich verrutschte Bandscheibe Inkontinenz auftreten kann. Wenn man im Unterbauch keine Kontrolle mehr hat, kann ich das Verlangen nach einer rettenden Operation verstehen. Manchmal ist mein linkes Bein für längere Zeit eingeschlafen, dann wird mir auch äußerst ängstlich zumute! Ich habe zu meinem HNO-Arzt gesagt, dass ich erstaunt darüber sei, dass er sich als Anthroposoph operieren lassen hätte. Er entgegnete er sei noch so jung gewesen und eben aus dem genannten Grund. Heutzutage würde er sich selbstverständlich anders entscheiden. Für den Fall der Fälle hat er mir die Adresse der anthroposophischen Klinik in Berlin gegeben. Dort behandelt man Bandscheibenvorfälle konservativ, nach einer natürlichen Methode. Ich bin froh über diese Möglichkeit!

Zu meinem Geburtstag ruft ein alter Freund an. Er gratuliert mir und erzählt, dass er demnächst wieder mal zur Kur nach "Bad Wunderbar" fährt. Ich nenne den Kurort seit Jahren so, weil Georg stets so wunderbar davon schwärmt. Zum ersten Mal höre ich mit wirklichem Interesse zu und bemerke, dass dieser Ort auch für mich Wunder wirken könnte. Es gibt Thermalbäder genau für meine neuen Bedürfnisse und Kliniken zur Therapie von Rückenbeschwerden. Ja, das ist doch wunderbar! Ein äußerst passendes Geburtstagsgeschenk.

EIN ENTSCHEIDENDER UNFALL

An manchen Tagen ist nichts wunderbar. Schon in den Morgenstunden geht alles schief. Jetzt quäle ich mich durch den Berufsverkehr, will nur nach Hause. Meine Bandscheibe hat übelste Laune und zeigt das deutlich. Trotzdem empfinde ich Autofahren als Therapie. Ich sitze in einer Position die kaum Schmerz verursacht, das Fell unter mir ist angenehm weich, der Sitz schön fest. In der Schule war das anders. Schneckenähnlich absolvierte ich die vielen Treppen, die die einzelnen Klassenzimmer verbinden. Gott sei Dank waren die Kinder wohltuend freundlich und hilfsbereit. Vor mir bremst ein Auto scharf ab. Ich konzentriere mich wieder ganz auf den Verkehr. Geträumt wird später, sage ich mir. Ein Motorradfahrer drängelt sich in die Lücke zwischen meinem Vordermann und mir. Blitzschnell geht jetzt alles! Ich trete auf die Bremse und weiß, dass ich es nicht schaffen werde. Ganz langsam fahre ich auf das Hinterrad des Motorrades auf. Der Fahrer gerät ins Schleudern. Ich stehe schon. Er prallt auf den Porsche vor ihm. Es wirkt alles wie in Zeitlupe. Ist das Film oder Wirklichkeit!? Der in Leder gehüllte Sturzhelmmann hebt ab, macht eine Rolle in der Luft, landet mit dem Po auf dem runden Heck des Porsche und rutscht ganz langsam von da aus auf die Straße.

Irgendwie bleibt mein Herz stehen. Wie gelähmt sitze ich da. Dann kommt Bewegung in mich. Ich springe aus dem Auto. Die Bandscheibe schmerzt infernalisch. Der

Mann im schwarzen Overall liegt auf dem Rücken neben seinem umgekippten Motorrad auf der Straße. Ich gehe in die Hocke, beuge mich über ihn, schiebe das Visier vor seinem Gesicht hoch, tätschle seine Wangen. "Lieber Gott, mach', dass er nicht tot ist!" Gegenüber ist ein S-Bahnhof. Um mich rum etliche Leute. Ich tätschle und tätschle "Um Himmels Willen, sagen Sie doch was!" Er macht ganz langsam seine Augen auf und sagt klar und deutlich: "Wenn Sie endlich mit diesem Gefummel aufhören würden, könnte ich aufstehen!" Mir fällt nichts mehr ein. Ich glotze ihn an, er guckt mich an. Er hat einen Schock. Das kann doch nicht sein! Eben war er noch tot oder ähnliches. "Bleiben Sie liegen!" Alle Kenntnisse des letzten Erste Hilfe Kurses rasen durch meinen Kopf. Nie den Helm abnehmen. In der Ferne das "Tatütata" der Rettungskräfte. Er schiebt mich unwirsch weg. Keiner sagt was. Ich kauere auf der Erde, er steht federleicht auf, nimmt seinen Helm ab. Kein Gehirn klebt daran! Von unten gucke ich fassungslos zu ihm auf. Er guckt arrogant und irgendwie zynisch zu mir herunter. Ich will aufstehen, es geht nicht. Die Bandscheibe! Auf der anderen Straßenseite stehen inzwischen etliche Feuerwehr- und Rettungswagen. Gerade hält ein Polizeiwagen an.

Vermutlich haben zig Leute eine Notfallnummer gewählt. Heutzutage hat ja fast jeder sein Handy in der Tasche. Eine junge Frau mit Koffer in der Hand sagt, dass sie Ärztin sei; Feuerwehrleute, Polizei, Rettungswagenbesatzung stehen neben uns und fragen, wer hier der Verletzte sei. "Was ist mit Ihnen?", fragt mich die Ärztin.

Mir ist es fast peinlich, aber ich komme nicht hoch. Der verunfallte Motorradtyp fummelt gelassen an sich rum, sieht ganz nett aus. "Ich habe ihn angefahren. .", gebe ich kleinlaut von mir. Keiner versteht keinen. Sie fragt mich jetzt ob ich verletzt sei. "Nein, meine Bandscheibe..." Ich versuche erneut aufzustehen. Es ist ein heilloses Durcheinander. Jeder sagt irgendwas. "Wer ist denn nun der Verletzte!?" Der Polizist schreit es fast. Ich gucke von unten zu dem Motorradfahrer, hoffe, dass er es nicht ist. Der Uniformierte begrüßt jetzt den von mir Angefahrenen. Sie scheinen sich gut zu kennen. Die Ärztin hockt bei mir unten, fragt mich, als sei ich geistesgestört, was denn nun sei. Ich erkläre es ihr. Von unten erklärt sie kurz und knapp denen da oben, worum es sich handelt.

Mich fragt sie, ob ich eine Entkrampfungsspritze möchte oder ins Krankenhaus gefahren werden will. Genügend Rettungswagen sind ja da! Ich lehne beides ab. Der Motorradfahrer sagt oben, er wolle auch nicht. Irgendwer sagt, er solle doch aber lieber. Er bleibt bei "Nein, mir fehlt nichts!" Dann beugt er sich zu mir runter, gibt mir die Hand und sagt seinen Namen. Ich stottere meinen. "Mein Gott, wie Sie über den Lenker geflogen sind, Sie müssten doch schwer verletzt sein!", stammle ich. Er grinst und meint, dass er lange bei der Motorradstaffel der Polizei gewesen wäre. Da ist man hart trainiert. Deshalb begrüßte ihn also der Polizist so kameradschaftlich! Mir bleibt die Spucke weg! Ich habe einen Polizisten vom Motorrad geholt. Ob vielleicht mal jemand das Motorrad aufstellen würde, da laufe ja Benzin auf die Straße, meckert ein anderer Polizist. Die Ärztin hockt auch noch bei uns, rundherum wild diskutierende Menschen. Irgendjemand hat schon Warndreiecke aufgestellt. Meine Warnblinkanlage habe ich tatsächlich noch angeschaltet. Das Auto hat eine zerbeulte Nase. So langsam komme ich zu mir. Die Ärztin hilft mir vorsichtig hoch. Ich atme tief, danke im Geiste dem lieben Gott, dass wir alle noch leben. Auf der anderen Straßenseite fährt ein Rettungswagen nach dem andern weg. Die junge Ärztin fragt uns noch mal einzeln, ob wir nicht doch lieber das Krankenhaus...? Wir lehnen beide ab. Nur ein Polizeiauto bleibt am Unfallort. Ich soll meinen Wagen an der Straßenseite parken, ob ich dazu in der Lage sei.

Ja, bin ich. Mein Auto ist noch fahrtüchtig, ich stelle es artig ab. Dann Formalitäten. Wer was wie gemacht hat. Dem Porschefahrer ist es wichtig, dass sein Wagen gerade in der Werkstatt war. Kein Schaden ist zu erkennen, er bleibt dabei, es sei garantiert was kaputt. Das Motorrad des Polizisten ist durch den Sturz ramponiert. Die Polizisten sind alle sehr freundlich, ich entspanne. Infolge des Unfalls gibt es jede Menge Formalitäten zu erledigen. Wer bezahlt was? Die Rechtsschutzversicherung muss bemüht werden. Mein alter Anwalt amüsiert sich in der Karibik. Ich gönne es ihm, muss aber einen anderen suchen. Das alles macht Stress. Als Krönung kommt ein Brief von der Polizei. Da der sportliche Motorradfahrer am nächsten Tag zum Arzt gegangen ist, bin ich der Körperverletzung angeklagt! Au, das haut rein! Gleich nach dem Unfall, am Nachmittag des nächsten Tages, hatte ich den Mann angerufen, nachgefragt wie es ihm geht. Er war sehr freundlich, machte ein Späßchen, sagte, dass alles in bester Ordnung sei.

Und nun das! Körperverletzung! Ich greife zum Telefon, will ihn anrufen. Dann diese unangenehmen Überlegungen: In solchen Fällen soll man klug abwägen, nichts übereilen. Hat mir meine Autoversicherung geraten, und nicht nur die. Ich rufe einen Freund an. Auch er rät zu keiner emotionalen Reaktion.

Ob ich Schuld am Unfall bin oder nicht, ich möchte wissen, ob der nette Polizist Spätschäden von unserem "Bums" bekommen hat. Ich kann mit Diplomatie aus wirtschaftlichen Erwägungen nicht frei atmen. Sonst hätte ich mit Sicherheit den Stand der Ehe gewählt. Bei halbherzigen Sachen nimmt man sich immer zusammen, und das macht innen hart. Darum ziept es auch mächtig an meiner Bandscheibe. Was möchtest du jetzt wirklich tun, frage ich mich selbst. Klare Antwort: Wissen, wie es dem Motorradfahrer geht. Ich rufe ihn an. Er ist etwas verlegen, erzählt, dass er beim Arzt war. Reine Routine, nur ein paar blaue Flecken, kleine Abschürfung, Bein bisschen gezerrt. Wer sein Motorrad bezahlt, will er wissen, es war erst ein halbes Jahr alt. "Meine Versicherung kauft Ihnen ein richtig tolles neues!", gurre ich in den Apparat. Ich bin so wahnsinnig froh, dass ihm außer einem neuen "Bike" nichts fehlt. Jetzt kann ich freier atmen und habe gleich einen guten Einfall.

Ich rufe die ADAC-Rechtsberatung in München an. Ich bin doch Mitglied in diesem Autoclub. Freundlich und auskunftsbereit erklärt mir eine junge Anwältin, dass ich mir keine Sorgen zu machen brauche. Wenn man nach so einem Unfall zum Arzt geht, wird der Vorgang automatisch zur Staatsanwaltschaft weitergeleitet, da es im öffentlichen Interesse ist. Ich schildere ihr genau den Hergang des Geschehens. Sie meint, dass mein Unfallpartner sich sicher arbeitsunfähig melden wollte, daher sein Arztbesuch. Das sei alles ganz normal. Die Anklage werde mit Sicherheit fallen gelassen. So laufe das, fast immer bei diesen Lappalien im Berufsverkehr, wo man zwar langsam fährt, aber dennoch genau solche Dinge geschehen.

Ich soll froh sein, dass es nicht schlimmer gekommen sei. Ich bedanke mich und beende das Telefonat. Trotzdem schaffe ich es nicht, meine Gedanken vom Unfallgeschehen wegzulenken. Eine innere Angst bleibt, ich verkrampfe mich zunehmend. In der Nähe meines Wohnortes suche ich einen neuen Anwalt auf. Ein älterer Herr mit väterlicher Ausstrahlung, der es schafft, mir zu erklären, dass ich wirklich beruhigt sein kann. Am Unfallort hatte ich zwanzig Euro als Verwarnungsgeld akzeptiert. Das war die Summe für mein verschuldetes Auffahren. Damit hätte ich die juristische Schuld beglichen. Das andere sei Formsache. Es war dann später tatsächlich so. Meine Bandscheibe scheint sich nicht erholen zu wollen. Ich erinnere mich an die Geburtstagsparty bei Claudia und die lustige Befragungsaktion der Bandscheiben von Klaus und mir. Ich setze mich auf einen Stuhl der schön hart ist und verspüre kaum

Schmerzen. Dann schließe ich meine Augen und stelle mir in meiner Lendenwirbelsäule vor dem Steißbein ein nettes kleines Lebewesen mit fröhlichen Augen vor.

Schon bemerke ich eine Störung. Die Augen sind traurig! Augenblicklich spüre ich in mir eine tiefe Traurigkeit und bekomme Mitleid mit dem kleinen Wesen. "Warum bist du so traurig?", frage ich nach. Tränen kullern über das Gesicht des Kleinen. Und mir ist auch nach Heulen zumute. Ich breche das Spielchen ab und bemühe mich, einen klaren Kopf zu bekommen. In den letzten Tagen war, trotz allem Wohlwollen der Kinder, in der Schule nicht mehr gut zu unterrichten. Ich muss mir was einfallen lassen. So suche ich wieder Dr. Stahlmann auf. Er untersucht mich nicht, sondern empfiehlt mir erneut eine Operation. Seine Stimme klingt dabei allerdings ratlos. Ich stelle mir das kleine Lebewesen zwischen meinen Wirbeln vor. Mein Gott, das muss ja Panikgefühle haben. Augenblicklich werde ich zur Löwenmutter. Ich fühle mich stark und verantwortlich für mein Kleines. Bereit zum Kampf mit dem, was mein Junges bedrohen will. Offensichtlich habe ich auch eine Körperhaltung eingenommen, die dies signalisiert.

Ich stehe vor Dr. Stahlmann und schaue direkt in seine Augen. Er geht einen kleinen Schritt zurück, senkt seinen Blick, ist sichtbar irritiert. "Was haben Sie noch für Möglichkeiten für mich?" Das frage ich mit fester Stimme, die beinhaltet, dass nach wie vor keine Operation in Frage kommt. "Sie brauchen Ruhe, ich schreibe Sie arbeitsunfähig. Und nehmen Sie etwas gegen die

Schmerzen!" Ich frage nach Akupunktur. Er wird mir ein Formular mitgeben, das ich bei der Krankenkasse einreichen soll. Das dauert allerdings eine Weile. Wenn der Antrag abgelehnt wird, kostet jede Sitzung viel Geld. Die Arbeitsunfähigkeitsbescheinigung nehme ich diesmal dankbar an. Er erinnert mich nochmals an das Hochlegen der Beine, dann verabschieden wir uns.

LEBEN ALS ABENTEUER SEHEN

Gedanken kreisen in meinem Kopf herum. Ich liege im Bett, habe meine Beine im rechten Winkel auf ein Gebilde von Kissen gelegt und fühle mich reichlich merkwürdig. Allerdings bringt diese Haltung wirkliche Schmerzlinderung. Doch wie lange werde ich so ausharren können? Ich habe das Gefühl, dass alles, so wie es jetzt ist, nicht stimmt. Aber was stimmt dann?

Ich wende meinen alten Trick an und stelle mir vor, dass mein Leben schon beendet wurde. Doch der liebe Gott hat mir zusätzliche Lebenszeit geschenkt. Zur absolut freien Verfügung. Ich darf damit machen, was ich wirklich will. Für Geld ist gesorgt, ich muss nicht arbeiten gehen. Das entspricht auch meiner jetzigen Situation. Gestern habe ich mich für längere Zeit arbeitsunfähig gemeldet. Ich lasse nun meiner Phantasie freien Lauf. Das neue Leben soll ein Abenteuer werden. Als Startposition habe ich erschwerte Bedingungen bekommen. Eine Gehbehinderung, damit ich vor den zu lösenden Aufgaben nicht weglaufen kann. Inzwischen habe ich wirklich Schwierigkeiten beim Gehen. Aber wirkliche Abenteurer hatten immer mit Unwegsamkeiten zu kämpfen. Jedes Gesponnene braucht reales Spinngarn.

Deshalb werde ich eine Bestandsaufnahme machen, eine Inventur von mir selbst. Systematisch fange ich an über mich nachzudenken. Wer bin ich, was habe ich realistisch für Mittel und Möglichkeiten zur Verfügung? Das allerbeste wird sein, ich schreibe mir das auf. Nach diesem Einfall fühle ich mich wohler. Grundsätzlich gehe ich davon aus, dass die geschenkte Lebenszeit Gutes beinhaltet. Es ist nur manchmal ein bisschen wie Kreuzworträtselraten. Man muss die jeweils richtigen Lösungen finden, damit es passt! Welche Hilfe will mir meine rausgehüpfte Bandscheibe sein? Sie schmerzt nur bei bestimmten Haltungen. Die Kleine wird so lange schmerzen, bis ich die richtige Haltung zu meinem Leben habe. Dieser Gedanke gefällt mir. Irgendwie ist unser Innenleben mächtig klug. Zieht die Bremse und sagt "Stopp!". Diese Tatsache werde ich jetzt annehmen und nicht dagegen kämpfen. Nehmen können will auch gelernt sein. Aber man will auch geben. Zufrieden leben beinhaltet ein ausgewogenes Geben und Nehmen, das weiß ich schon lange. Man will geben. Jeder!

Doch viele lässt man nicht das geben, was sie zu geben haben. Man verdonnert sie dazu, oft schon reichlich früh, das zu geben, was sie gar nicht haben. Dann muss zum Beispiel eine kleine Bandscheibe einspringen, oder eben rausspringen, um “zu-recht-zu-rücken”. Was habe ich denn zu geben? Ich schreibe die Frage auf und beantworte sie schriftlich. Sofort fällt mir meine angeborene ausgeprägte Phantasie ein. In meiner Kindheit wurde ich dafür eher verspottet, nicht sehr ernst genommen. Es hat einige Zeit und reichlich Ärger gebraucht, um daraus Nutzen zu ziehen.

Man sollte seine angeborenen Begabungen natürlich kultivieren, Fertigkeiten daraus werden lassen, die andere auch annehmen können. Wer seine ererbte Musikalität mit fünfzig Jahren noch immer improvisiert in eine Gitarre klopft, braucht sich nicht wundern, dass der mit den Notenkenntnissen und dem Gitarrenkurs mehr Erfolge verzeichnet. Die eigenen Gaben oder Begabungen angemessen in das Leben einzubringen ist eine Kunst. Mit Kindern stelle ich mir manchmal vor, wir sind auf einer einsamen Insel gestrandet. Was könnte jeder von uns einbringen? Es muss etwas sein, was man gerne macht und kann. Einer klettert gerne auf Bäume, würde die Früchte ernten. Andere tauchen nach Fischen. Manches Kind sagt, es will nur sitzen und gucken. Dann frage ich, ob ich dazu kommen dürfte, um ein bisschen zu erzählen. Das finden die Kinder in Ordnung. Dann brauchen wir dieses Kind um uns zuzuhören, so wie in der Großfamilie die Oma allen ihr Ohr schenkt. Jeder wird mit seiner Begabung gebraucht.

Natürlich darf man sich auch verändern, entwickeln. Die Kinder mögen meine Phantasie. Sie honorieren sie sozusagen. Als ich mein erstes, von mir verfasstes, Hörspiel vernahm, war ich glücklich. Zwei Millionen Zuhörer! Mir fällt auf, dass ich lange nichts mehr geschrieben habe. Wie es im Leben so geht, hat sich anderes dazwischen geschoben. Inventur machen tut mir gut. Ich schreibe viel auf und habe mächtig Spaß dabei. Meiner Bandscheibe scheint es auch zu gefallen, sie verhält sich ruhig und stört kein einziges Mal. Das mit dem Abenteuer Leben scheint eine bekömmliche Idee zu sein. Manchmal glaube ich, wir bekommen von der Natur oder von Gott, gleichgültig wie wir es nennen, zur rechten Zeit das Richtige angeboten. Wir müssen es nur erkennen. Meinen Schülern erzähle ich manchmal zu diesem Thema folgende Geschichte.

An einem Sonntag war ich alleine zu Hause und fühlte mich einsam. Ich sprach mit dem lieben Gott und bat um Hilfe. Mitten im Gebet klingelte es an der Wohnungstür. Meine alte Nachbarin stand davor und fragte nach einem Büchsenöffner. Sie nervte mich öfter mit ihrer Kontaktsuche, die sie hinter Fragen versteckte. Um Höflichkeit ringend, ich fühlte mich in meinem Gebet gestört, gab ich ihr rasch das Gewollte, ließ mich aber auf kein Gespräch ein. Als ich mich wieder meinem Gebet zuwendete, fiel es mir auf. Das war die Hilfe, die mir angeboten wurde! Ich habe sie leider nicht erkannt. Vielleicht hätte ich eine neue Erfahrung machen können, wäre unter Umständen über den Rand meiner Vorurteile gelangt. Alte Menschen haben mit Sicherheit viel Lebenserfahrung gesammelt. Ich habe diesen Fehler nicht mehr beheben können, meine Nachbarin ist kurze Zeit später gestorben.

Auch Fehler und Umwege gehören zu einem Abenteuer dazu. Und Mut, das Erkannte zu verändern. Darüber denke ich in der folgenden Zeit nach. Manchmal zweifle ich an allem, dann bin ich verzweifelt. Meine Bandscheibe tut dann höllisch weh. Hölle, das ist für mich der nagende Zweifel. Das, wo man sich selbst nicht mehr glaubt. Das Gefühl sagt "A", der Verstand sagt "B". Ich schreibe mir auf, was mein Gefühl gern möchte. Ich schreibe daneben, was mein Verstand diktiert. Dann versuche ich, daraus ein sinnvolles Gemeinsames werden zu lassen, in dem beide Anteile ernst genommen vorkommen. Mein Gefühl möchte Ruhe zum Entwickeln und neue Dinge ausprobieren. Mein Verstand will endlich Resultate von Gesundung sehen und wissen, wie es weitergeht. Wie bringe ich diese Ansinnen zusammen? Dr. Stahlmann sagte, das Ausliegen kann unter Umständen richtig lange dauern.

Da hätte mein Gefühl seine Ruhe! Aber es möchte ja auch Neues ausprobieren. Welche Möglichkeiten gibt es dafür? Mein anthroposophischer Arzt sagte, "Sie brauchen jetzt viel Zeit für sich selbst". Ist das etwas Neues? Allein zu Hause im Bett ist das sicher langweilig. Wie bekomme ich Neues und Zeit für mich zusammen? Wie erfülle ich meinem Verstand seinen Wunsch nach Resultaten? Ich werde die Meinung eines zweiten Orthopäden einholen. Eine Kollegin hatte mir neulich eine gute Adresse empfohlen. Ich mache sofort einen Termin aus. Die Ärztin ist in Urlaub, eine Vertretung empfängt mich. Erst bin ich enttäuscht, dann erfreut. Die junge Medizinerin ist als Homöopathin in eigener Praxis tätig, hilft hier nur ab und zu aus, weil ihre medizinische Fachrichtung die Orthopädie ist. Ich zeige ihr die Computertomografie und erzähle, was bisher war. Sie untersucht mich, stellt eine Verschiebung des Iliosakralgelenks (Hüftbereich) fest und renkt es vorsichtig ein.
Das hatte Dr. Stahlmann vor dem Bandscheibenbefund auch öfter gemacht. Nur ruckartiger! Es brachte stets Linderung. Die Ärztin bietet mir homöopathische

Kügelchen an. Ich weiß, dass dadurch eine Erstverschlimmerung eintreten kann und werde damit umgehen können. Wir unterhalten uns lange und angeregt. Sie unterstützt mich voll und ganz in punkto nicht operieren. Sie verschreibt mir manuelle Therapie. Behandlungsformen nach der Feldenkrais Methode und die Praxis der Osteopathie sind ihr bekannt. Alles was sanft und natürlich ist soll ich zur Linderung anwenden. Sollten die Schmerzen unerträglich werden, empfiehlt sie pflanzliche Mittel. Sie schreibt mir ein Präparat auf und noch ein Vitamin-B-Komplex-Präparat dazu. Zufrieden verlasse ich die Praxis und fahre nach Hause.

Durch die Einnahme der homöopathischen Kügelchen kommt es in den nächsten Tagen zu ungewohnt großen Schmerzen. Ich weiß, dass es zur Gesundung beitragen soll, doch werden meine Gedanken schwarz und schwärzer. Das Liegen in meinem Bett bekommt mir gar nicht mehr. Ich muss etwas unternehmen! Nach einem leidvollen Wochenende entschließe ich mich, mir das anthroposophische Krankenhaus, das mein HNO-Arzt empfohlen hatte, einmal anzusehen. Telefonisch nehme ich Kontakt auf. Ein freundlicher Arzt verabredet für Freitag einen Termin mit mir. Wieder schleicht sich ein Gefühl der Nichtstimmigkeit ein.

Alle hilfreichen Gedanken und Ideen scheinen wie ausgelöscht zu sein. Vom "Leben als Abenteuer sehen" bleibt keine Spur mehr übrig. Nagende Zweifel an meinem bisherigen Weg machen sich breit und bestimmen die nächsten Tage. Meine Bandscheibe sendet stechende

Schmerzen, das linke Bein tut weh, bleibt an den Zehen eingeschlafen.

Irgendwann stoße ich auf meine Inventur Notizen, bin erstaunt, was ich Schlaues verfasst habe. Langsam lichten sich meine inneren Nebel und ich kann wieder klarer denken. Jetzt nehme ich das Vitamin-Präparat und die pflanzlichen Schmerzmittel, was zu einer Verbesserung meiner Befindlichkeit führt. Doch das taube Gefühl im Bein bleibt. Die Verordnung für die manuelle Therapie werde ich hier am Ort nicht umsetzen.

Ich brauche einen anderen Platz um gesund zu werden. Mein Gefühl wollte neue Dinge ausprobieren! Ich beschließe, gangbare Möglichkeiten in die Wege zu leiten.

DIE ENTSCHEIDUNG

Wegen des ganzen Durcheinanders war mir die Idee von Bad Wunderbar völlig weggerutscht. Ich lasse mir durch das örtliche Fremdenverkehrsamt Unterlagen zuschicken. Noch vor Freitag sind sie da. Es gibt dort viele Kliniken und heilende Quellen. Ich bin erstaunt und verwirrt. Beim Durchschauen der Prospekte bleibe ich bei einer chinesischen Klinik hängen.

Etwas in mir wird hellwach. Akupunkturbehandlung! Diese Möglichkeit hatte ich vergessen. Dabei sprach Dr. Stahlmann davon, hatte mir sogar einen Genehmigungsantrag für meine Krankenkasse mitgegeben. Der liegt noch hier zu Hause! Vielleicht ist Dr. Stahlmann auch nicht der passende Behandler für mich. Er macht die Akupunktur selbst. In der chinesischen Klinik behandeln echte Chinesen. So steht es in der Beschreibung. Voller Hoffnung rufe ich diese Klinik an. Sie haben eine lange Warteliste und überwiegend gut zahlende Privatpatienten. Kassenpatienten gab es schon mal, das ist aber eher die Ausnahme. Eine genauere Auskunft kann mir nicht erteilt werden. Tiefe Resignation greift mit großen Pranken nach mir! Ich falle in ein tiefes Loch und warte nur noch auf Freitag, um mich in die Hände anthroposophischer Ärzte zu begeben.

Am Donnerstag Abend rede ich lange mit dem lieben Gott, zu dem ich seit meiner Kinderzeit ein ausgesprochen gutes Verhältnis pflege. Ich bin fest überzeugt, dass jedes Ding in der Schöpfung seinen guten Sinn mitbekommen hat. Gott ist nicht der Schuldige, wenn wir das vermasseln! Und ich habe jetzt das Gefühl, auf einem falschen Weg zu sein. Ich frage also nach, ob der liebe Gott meinen Besuch in dem anthroposophische Krankenhaus richtig findet. Mitten im Gebet schlafe ich ein.

Beim Aufwachen am Freitag morgen weiß ich genau was ich will. Die chinesische Klinik und nichts anderes! Koste es was es wolle. Um 11 Uhr ist mein Termin bei den Anthroposophen. Jetzt ist es 8 Uhr. Ich krabble aus dem Bett, gehe in mein Arbeitszimmer und finde sofort die Unterlagen von Bad Wunderbar. Nach zweimaligen Klingeln meldet sich eine freundliche Chinesin, ich merke es an dem unverwechselbar asiatischen Akzent. Äußerst konzentriert und zielgerichtet bringe ich mein Anliegen vor. Sachlich schildere ich Tatsachen: Bandscheibenvorfall L5/S1, akute Schmerzen, Kassenpatientin, ich möchte schnellstmöglich in diese und keine andere Klinik. Sie nennt mir gangbare Wege. Ich bin zufrieden und zu allem bereit. Wenn man etwas wirklich will - und es auch zu den realen Umständen passt - findet sich ein Weg.

Allerdings muss man bereit sein die "Preise" zu zahlen. Wir geben oft so viel Geld für Kinkerlitzchen aus, doch für uns ganz persönlich geizen wir häufig. Für Hilfsaktionen ganz weit weg engagieren wir uns wie wild und verrückt, und für uns selbst?! Natürlich sind anstrengende Wege zu erledigen wenn man etwas Außergewöhnliches will. Und es ist auch meist ein Zeitpunkt, an dem man sowieso fix und fertig ist.Trotzdem, ran an die Organisation! Von nichts kommt nichts.

Ich bin jetzt hellwach und voll auf mein Ziel konzentriert. Keine Ablenkung wird gestattet (mit Freunden beraten, etc.), nur den "Blick" auf die anstehende Organisation. Die ganze Energie auf eine Karte! Ich rufe meine Krankenversicherung an, verlange ein Gespräch mit der Stelle, die für derartige Besonderheiten zuständig ist. Ich soll Unterlagen schicken. Ich verabrede ein persönliches Gespräch. Aufwändig, ja! Und das mit meiner Bandscheibe. Aber notwendig.

Den Termin bei den Anthroposophen sage ich ab. Dann rufe ich bei Dr. Stahlmann an, bitte um ein kurzes Gespräch mit ihm. Die Dame am Telefon bietet mir 15.15 Uhr an einem Mittwoch in zwei Wochen an. Es wird sehr anstrengend, bis sie akzeptiert, dass ich jetzt, heute etwas Schriftliches vom Arzt brauche. Dr. Stahlmann muss schriftlich befürworten, dass für mich die Akupunktur und ein Krankenhausaufenthalt bestmöglich heilsam wirken können. Heute sei nur seine Vertretung da, höre ich jetzt.

"Dann bitten Sie diesen Arzt um eine kurze Audienz für mich, es ist dringend und geht ganz schnell!" Ich habe das sehr klar und offensichtlich überzeugend gesagt. Sicherlich will die Arzthelferin auch einfach nur ihre Ruhe vor mir haben, denn sie sagt, dann solle ich eben kommen. Sofort fahre ich hin. Unterwegs bitte ich den lieben Gott um einen Parkplatz direkt vor der Arztpraxis. Mein Rücken ziept und sendet heftige Schmerzen in mein linkes Bein. Trotzdem empfinde ich meinen geliebten Autositz wieder als therapeutisches Hilfsmittel. "Lieber Gott, ich danke dir, dass du mich auf diesen Weg geschoben hast, bitte hilf mir, dass ich jetzt auch weiter erfolgreich bin", bettle ich vor mich hin. Ich stelle mir seine Antwort vor. Natürlich wird er mir helfen. Gott stellt uns doch nicht her, um uns auf halber Strecke verhungern zu lassen! Kein vernünftiger Gärtner lässt seine Pflanzen vertrocknen, wenn es mal nicht regnet. Er gießt sie dann ganz einfach selbst. Auch diese Logik bringe ich Kindern schon so lange bei.

Das Gleichnis vom verlorenen Schaf, das Jesus erzählt, um zu erklären, wie Gott an uns Menschen handelt. Ein Schäfer hat 100 Schafe, am Abend fehlt eines. Er geht es suchen, es hat sich im Dornenbusch (!) verheddert. Er trägt es sogar zur Herde zurück. Ich sage meinen Schülern immer noch dazu, dass das Schäfchen sicher um Hilfe rief, und er es deshalb in der Dunkelheit fand. "Zu Gott beten und selbst aktiv werden", sagt der große Schriftsteller Leo Tolstoj. Direkt vor der Praxis ist ein Parkplatz. Wieder einmal bin ich baff, wie so oft in vergleichbaren Fällen. Wenn man sie wirklich braucht, gibt es diese Hilfestellungen, ist meine Erfahrung. Ich krabble umständlich aus dem Auto, bin froh über den Fahrstuhl.

Die nette Arzthelferin ist da! Mein Gott, welch ein Glück. Ich sage ihr kurz worum es geht, das Wartezimmer ist rappelvoll. Die anderen Helferinnen sind anderweitig beschäftigt. Frau Hermann schiebt mich einfach in eines der kleinen Behandlungszimmer, sagt freundlich, dass sie den Arzt so bald wie möglich vorbeischicke. Sie findet das mit der chinesischen Klinik total spannend, will mehr wissen. Höchstens 10 Minuten muss ich warten. Vor Angst bin ich noch mehr verspannt als ohnehin schon, als der vertretende Arzt kommt. Er schaltet den Computer an, sucht meinen Fall, liest durch, fragt was anliege.

Ich bitte ihn um dieses Schriftstück. Er kennt die chinesische Klinik nicht, Frau Hermann ermuntert ihn begeistert. Der Chef mache schließlich auch Akupunktur in solchen Fällen! Ich teile mit, dass er es mir auch schon angeboten habe. Herr Vertretungsarzt ist unsicher. Natürlich möchte Dr. Stahlmann das Geld für Akupunktur gerne selbst verdienen, wird mir jetzt klar. "Ich halte diese Schmerzen nicht mehr aus, und Operation kommt für mich nicht in Frage." Ich soll meine Schuhe ausziehen. Er testet fachkundig. Dann schreibt er wortlos das gewünschte Papier, reicht mir kurz die Hand und verschwindet durch die Tür. Die nette Arzthelferin zwinkert mir zu, sagt, dass die meisten Patienten nur nicht wissen, was sie wollen, deshalb seien die Ärzte so. Sie wünscht mir alles Gute, ich solle ihr unbedingt erzählen, wenn ich zurückkomme.

Wie benommen halte ich das Papier in meinen Händen, komme mir wie ein Roboter vor, so abgehackt sind meine Bewegungen. Mein linkes Bein fühlt sich wie Watte an. "Bis zur Klinik müssen wir es noch schaffen", teile ich meiner Bandscheibe mit. "Dann kann geschlafen werden wie ein Bär im Winter." Mein fester Autositz erweist sich wieder als barmherzige Hilfe. Im Geiste danke ich dem Asiaten, der dieses Teil irgendwann konzipiert hat. Jetzt kommt die vorletzte Hürde, meine Krankenversicherung muss einiges genehmigen. Ich muss quer durch die Stadt fahren und passe sehr auf, dass ich mich nur auf den Straßenverkehr konzentriere. Viele freie Parkplätze direkt vor der Tür. Natürlich auch hier freundliche Fahrstühle. In einem riesigen Großraumbüro finde ich meine Sachbearbeiterin. Ich sage ihr, dass ich ein persönliches Gespräch mit Frau Schmitt-Grieche verabredet habe. Sehr freundliche Umgangsformen hier, ich bin angenehm berührt. Ich soll mich doch setzen, sie sage Bescheid. In der kurzen Wartezeit lasse ich meinen Blick durch den riesigen Raum schweifen. Großraumbüros waren in meiner Phantasie immer etwas Grauenvolles. Dieses wirkt anders.

Große helle Fenster, viele Grünpflanzen, die einzelnen Bereiche weit genug auseinander gestellt. Die Mitarbeiter wirken kollegial und sehr freundlich zueinander. Die Sachbearbeiterin kommt zurück. Frau Schmitt-Grieche erwartet mich einen Stock höher, Raum 6022. Es fährt ein Fahrstuhl, wird mir noch freundlich mitgeteilt. Eine junge, hübsche Frau erwartet mich in einem großen eigenen Büro. Eine Chefin habe ich mir anders vorgestellt, strenger, unpersönlicher. Sie empfängt mich, als seien wir längst gut bekant, spricht meinen Namen sehr freundlich aus.

Vor Bewegung kullern mir ein paar Tränen über meine Wangen. Das gibt es bei mir sehr selten. "Setzen Sie sich doch erst mal hin. Sie müssen von dem Weg ja völlig fertig sein", sagt sie mit warmer Stimme, und ich heule richtig los. Geduldig und freundlich wartet sie, bis ich mit mir und meinen Gefühlen wieder klar komme. "Haben Sie die Bescheinigung von Ihrem Arzt?", fragt sie, als hätten wir gerade eben telefoniert. Sie signalisiert, dass sie unser Telefongespräch ganz klar im Kopf hat, ich muss nichts wiederholen. Ich gebe ihr die Bescheinigung, sie schaut drauf, fragt mich, welche Klinik ich mir ausgesucht habe. Bad Wunderbar und die chinesische Klinik sind ihr nicht bekannt. Sie ist kein bisschen misstrauisch, eher neugierig wie ein kleines Kind beim Entdecken der Welt. "Sie haben heute Morgen mit der Klinik telefoniert", weiß sie noch. Ich gebe ihr die Telefonnummer und den Namen der Asiatin, mit der ich gesprochen habe. Sie freut sich, dass ich alles bei mir habe und ruft dort an, um Formalitäten zu regeln. Offensichtlich ist meine Telefonpartnerin von heute Morgen am Apparat. Ein segensreicher Zufall!

Die beiden stimmen einige Gesetzmäßigkeiten ab. Während des Telefonats zwinkert mir Frau Schmitt-Grieche freundlich und mutmachend zu. Innerlich bettle ich den lieben Gott um seine Hilfe an.

Sie legt auf, sagt: "Na, das ist ja spannend, ich wusste gar nicht, dass dort so was ist. Wir genehmigen Ihnen erst mal zwei Wochen. Wenn die Behandlung hilft, wird ihr behandelnder Arzt sich wegen einer Verlängerung an uns wenden." Die weitere Organisation, wie ich dort hinkomme und wann ich aufgenommen werde, ist meine Angelegenheit. Sie füllt ein Formular aus, reicht es mir, sagt, sie freue sich, dass alles so gut klappe. Ich solle ihr später mal berichten, wie es dort sei. Überglücklich fahre ich nach Hause. Ich fühle mich reich beschenkt und plappere auf der Rückfahrt dem lieben Gott froh die Ohren voll, wie ich mich freue und dass ich das auch alles so in seinem Sinne begehen werde und natürlich von meinen Erfahrungen abgeben will, weil mitteilen Freude macht und auch anderen was bringt. Zu Hause rufe ich in der chinesischen Klinik an. Eine andere Dame am Telefon, es wird kompliziert. Sie weiß von keinem Gespräch mit meiner Krankenversicherung. Mich kriecht die Angst an. Ich ermahne mich tief und langsam zu atmen und mich nicht abwimmeln zu lassen. Das ist nicht leicht, denn am anderen Ende wird zum vierten Mal von der langen Warteliste und vom Aufnahmestopp geredet. "Frau Lu-Xi hat aber von einer eventuell schnellen Möglichkeit gesprochen!" Gott sei Dank habe ich mir den Namen aufgeschrieben. "Wir sind hier einige Zuständige", teilt mir die deutsche Stimme mit.

Es klingt schon ein klein wenig freundlicher. Offensichtlich arbeiten auch Deutsche in dieser chinesischen Klinik. "Schicken Sie doch mal die Bescheinigung Ihrer Krankenkasse zu uns und schreiben Sie dazu, dass es ein akutes Anliegen ist, dann sehen wir weiter." Ein ganzes Bergmassiv fällt mir vom Herzen. Ich frage sie noch genau nach ihrem Namen und verabschiede mich freundlich. Wenn man etwas Besonderes will, muss man etwas Besonderes leisten. Also, sofort alles postfertig gemacht, ein freundliches Anschreiben dazu und ab in den Briefkasten. Jetzt habe ich wieder Zeit für mich und bemerke eine ziemliche Verschlimmerung meiner Symptome.

Natürlich werden in den nächsten Tagen meine Zweifel wieder wach. Was, wenn ich nicht in kürzester Zeit nach Bad Wunderbar kann!? Der anthroposophischen Klinik habe ich kurz und knapp abgesagt, andere Möglichkeiten fallen mir nicht ein. Oh Gott, wenn es mit mir nun doch so schlimm wird, dass ich gar nicht mehr gehen kann!?

ZWEIFELNDE UND RETTENDE GEDANKEN

Jeden Tag schaue ich mehrfach in meinen Briefkasten. Auch wenn der Postbote längst schon vorbei ist. Es gibt ja noch andere Zustelldienste. Geduld haben ist etwas, was sich mir noch nicht erschlossen hat. Das Warten auf einen Brief aus Bad Wunderbar macht mich krank! Wirklich, meine Nächte sind von langen, schmerzhaften Phasen durchzogen. Oft weiß ich nicht mehr wie ich mich legen könnte, um wenigstens etwas Linderung zu erfahren. Die Notizen von der Inventur über mich selbst liegen unbeachtet auf meinem Schreibtisch. Warum bin ich so schlecht zu mir und pflege meine Zweifel?

Die Frage lässt mich zu mir selbst zurückkommen. Ich setze mich auf einen Stuhl und gebe mir Mühe systematisch nachzudenken. In welcher Situation befinde ich mich? Ich habe einen Bandscheibenvorfall, der mir Schmerzen und taube Gefühle bereitet. Es besteht kein akuter Grund, dass eine Operation vorgenommen werden muss. Eine befreundete Ärztin hat mir das genau erklärt. Auch, dass es kein Gesetz gibt, das mich zu einer Operation zwingen kann. Das finde ich beruhigend.

Es gibt Bandscheibenvorfälle, die unbedingt operiert werden sollten, weil sie Nerven abdrücken können, woraus dann unter Umständen Beeinträchtigungen an Organen entstehen. Mein Vorfall ist an einer noch ziemlich günstigen Stelle. Das ist doch eigentlich sehr nett von meiner Wirbelsäule. Wer ist wohl der Verantwortliche für meine derzeitige Lebenssituation? Bestimmt nicht meine Wirbelsäule! Von wem ist es dann nett? Wer macht Krankheiten? Wie entstehen Krankheiten? Mein Autounfall neulich ist entstanden, weil ich nicht aufmerksam war. Warum ist meine Bandscheibe rausgehüpft? Wieder fällt mir die Geburtstagsparty bei Claudia ein, das lustige Befragen der Bandscheiben. Mal sehen ob das noch funktioniert. "Hallo, du da in mir, hörst du mich?" Ich schließe meine Augen und stelle mir die Kleine vor. In meiner Phantasie lächelt sie mich zufrieden an. "Warum bist du aus deiner Stammbehausung gehüpft?" Sie guckt mich wieder mit diesen unendlich traurigen Augen an. Genau wie neulich durchzieht mich abgrundtiefe Traurigkeit. Ich stehe von meinem Stuhl auf, lege mich auf mein Bett, fühle mich bleischwer. Dann überlasse ich mich diesem tiefen Gefühl, das wie in Wellen durch meinen Körper strömt. Irgendwann ist es vorbei und ich falle in einen befreienden Schlaf. Was da geschehen ist habe ich "Abschmerzen" genannt. Jeder sitzt ja auf irgendwelchen unerledigten Traurigkeiten. Da, wo man irgendwann mal tapfer runtergeschluckt hat, statt die Traurigkeit zu zeigen. Irgendwie bleibt das nicht ausgedrückte Gefühl in uns gespeichert.

Bei günstiger Gelegenheit versucht es nachträglich abzutrauern. Vielleicht weinen darum so viele Menschen bei Sentimentalitäten im Kino. Ich jedenfalls wache etwas befreiter auf und fühle mich richtig gut. Meine Gedanken wandern zu meiner Bandscheibe. Im Geiste sehe ich sie friedlich schlummern. Momentan tut mir nichts weh. Die Befragung lasse ich lieber sein, verschiebe es auf einen passenden Zeitpunkt. Wenn ich behutsam mit der Kleinen umgehe, wird sie mir nach und nach wichtige Botschaften flüstern. Eines steht jedenfalls fest, ich bin für mich und meine Befindlichkeiten selbst verantwortlich. Wenn ich wie ein Baby heule und auf fremde Hilfe hoffe, muss ich unter Umständen erfahren, dass ich für mich unbekömmliche "Kost" erhalte.

Mir geht es jetzt besser, ich bin aus meinen schwarzen Gedanken raus. Ich muss innerlich wach bleiben, meinen Gedankengängen neugierig folgen. Die führen mich zu Antworten. Getrost Warten ist also angesagt. Die Zwischenzeit sinnvoll nutzen. Auch Ausruhen ist eine sinnvolle Sache. Und üben, Vertrauen zu haben. Wenn etwas zu tun ist, dies natürlich erledigen.

Ich schreibe alles auf, was ich bis jetzt mit meiner Bandscheibe erlebt habe. Dieser Einfall macht mich äußerst munter. Man muss auch mal anhalten, um zu verdauen. Rückschau halten und über gegangene Wege nachdenken, bringt Klarheit ins Leben, ist wie eine Ergebnissicherung. Dann kann man getrost weitergehen. Hilfreiches Wissen erwerben empfinde ich als konstruktiv. Wie genau sieht so eine Wirbelsäule aus? Ich fange an in Büchern zu schnüffeln, besorge mir in der Folge Informationen von meiner Neurologie-Freundin, lasse mir Details von ihr erklären. Spannend! Ich erfahre dass 60 -80% aller 8-10-jährigen Kinder Muskelfunktionsstörungen und Haltungsschäden haben.

Man sagt, dass 30% der 30-Jährigen und 50% der 50-Jährigen Bandscheibenvorfälle hätten! Viele wissen nicht einmal darum. Rückenschmerzen sind heutzutage eine ungeheuer weit verbreitete Plage. Bei 80% soll angeblich nicht mal eine Ursache gefunden werden!

Die Behandlungsmethoden reichen von der Operation, über Krankengymnastik, Injektionen von Schmerzmitteln bis zur Akupunktur und noch sicher vielen anderen Möglichkeiten. Man muss das Richtige für sich finden. Nicht leicht bei so vielen Angeboten. Und jeder schwört natürlich auf seine Sache! Operation kann das Richtige sein. Ganz klar. Aber...

Interessant finde ich auch, dass einige Leute auf das Stufenbett schwören, andere für viel Bewegung plädieren. Wenn ich viel Rad fahre, geht es mir oft besser. Auch viel gehen, wenn das Bein nicht eingeschlafen ist, tut mir gut. Immer wieder wach für mich selbst und das gegenwärtige Geschehen sein, ist ein schweres Übungsprogramm. So schnell laufen Gedanken in ausphantasierte fürchterliche Zukunftsvisionen. Hilfreich ist, mir Gedanken über das zu machen, was mir weiterhelfen soll. Ich kaufe mir einen großen gelben Gymnastikball, auf dem ich sitzen kann. Wenn meine Schmerzen in der Lendenwirbelsäule und Umgebung zu groß werden, lege ich ihn auf meine Liege und steige ganz vorsichtig zu ihm hoch, um mich mit dem Bauch auf ihn zu legen. Meine Beine hängen dann über den Liegenrand nach unten. Eine ungemein entspannende Übung! Ruhezeiten sind erholsam, wenn man die richtige Matratze hat. Meine behagt mir schon lange nicht mehr. Aber sie war so teuer, und darum schiebe ich den Gedanken an eine neue immer gleich weg!

Mir fällt auf, wie oft ich von dieser Superschaumstoffmatratze erzähle. Ich habe sie vor ungefähr zwei Jahren gekauft. In dem Matratzenfachgeschäft wurde sie mir als der absolute Renner angeboten. Und wirklich, beim Probeliegen war ich hin und weg vor Entzücken. Hart und weich zugleich, ähnlich meinem geliebten Autositz. Sie war teuer. Ich habe sie trotzdem gekauft und mich von meiner Naturgrasmatratze, die jetzt bei einer Freundin auf dem großen Hängeboden liegt, getrennt. Sie dient dort als Gästebett für ihren meist ungebeten kommenden Vater. Meine neue Matratze war mir also lieb und teuer. Aber nicht lange. Irgendwie hatte ich recht bald das Gefühl einer leichten Wölbung unter dem Po.

Wenn ich es mir bei Tageslicht ansehe, wirkt es immer ganz glatt. Manchmal macht mich das ganz verrückt. Darum beschließe ich, in einen dieser Billigmatratzenläden zu gehen und mal zu schauen, was die so anbieten. Vielleicht ist es überhaupt verkehrt, für lange Zeit teure Matratzen zu haben? Öfter eine neue, preiswertere, vielleicht ist das ja das Richtige. Die Dame im Matratzen-Discount ist ohne Kundschaft und erfreut über ein Pläuschchen mit mir. Sie stimmt meiner Idee der häufigen Billigmatratze nicht zu. Es geschieht noch mehr Erstaunliches. Sie will mir weder eine preiswerte, noch eine richtig teure Matratze verkaufen, sie rät mir, meine umzutauschen! Erst verstehe ich gar nichts. Sie erklärt nun ganz ausführlich. Jede Matratze hat seit einiger Zeit Garantie. Ich bin platt. Das habe ich nicht gewusst. Ich solle unbedingt bei der Firma des Herstellers anrufen und reklamieren. Erst geniere ich mich ungemein, dann tu ich es. Ich stoße auf offene Ohren. Besonders, weil ich von meinem Bandscheibenvorfall berichte, den ich seit Beschlafen dieser Matratze habe. Ein Vertreter wird geschickt. Ich habe vor Aufregung feuchte Hände, will mich rechtfertigen. Gar nicht nötig. Er guckt nur auf die Matratze, sagt: "Ach diese Sorte...", teilt mit, dass die viele umgetauscht haben. Dann fragt er mich welche ich jetzt möchte. Mir bleibt die Spucke weg!

Er empfiehlt mir eine Taschenfederkernmatratze mit Liegezonen, das Beste, was auf dem Markt sei. Das Prospektmaterial überzeugt mich. Ich muss nur noch etwas zuzahlen, weil sie teurer ist. Ich unterschreibe einen Zettel und bekomme drei Tage später von zwei dicken, türkischen Mitmenschen meine Matratze umgetauscht. Die Wohnung riecht nach beißendem Schweiß, ich habe eine neue Matratze und bin sehr glücklich. Sie hat mich ungefähr 150 Euro gekostet! Dafür hätte ich in dem Discount nur eine "Hängematte" bekommen. Auf der neuen Matratze liegt es sich wirklich ungemein gut. Es war höchste Zeit für einen Tausch. Verflixt noch mal, wie lange es oft braucht, die nötigen Schritte zum Notwendigen zu gehen! Trotz meiner Schmerzen schlafe ich jetzt viel besser, wache aber nach wie vor mehrmals in der Nacht auf. Manchmal mache ich dann die Übung mit meinem knallgelben Gummiball.

Endlich liegt der heiß erwartete Brief im Kasten. Gierig reiße ich ihn auf. Sie bieten mir einen Krankenhaustermin in drei Monaten an! Augenblicklich wird alles schwarz um mich herum. Ganz langsam lege ich mich auf meine neue Taschenfederkernmatratze. Alles tut infernalisch weh. Drei Monate soll ich hier noch liegen? Das halte ich nicht aus. Ich gehe in das anthroposophische Krankenhaus. Nein, noch besser, ich gehe zu dem Professor, der Adele versaut hat und lasse mich operieren. Ich will nicht mehr, ich kann nicht mehr! Ich liege ziemlich lange und fühle nur noch Elend. Tiefer als tief geht es nicht.

An dieser Stelle fällt mir dann immer der liebe Gott ein. "Guten Tag, lieber Gott, hier bin ich mal wieder..." Der liebe Gott hat was gegen das Messer des Herrn Professors und bietet mir zur Lösung des Problems mein eigenes Telefon an. Ja natürlich, die chinesische Klinik anrufen und um einen früheren Termin bitten. Und kein Gedanke darf in meinem Innern sein, dass das nicht klappen wird. Glaube kann Berge versetzen! Frau LU-Xi ist am anderen Ende der Leitung. Ich danke für den Brief und sage, dass ich jetzt gleich kommen muss. Leise, asiatisch und freundlich bittet sie um etwas Geduld. Nach circa drei Minuten ist ihre Stimme wieder am Telefon: "Entschuldigen Sie bitte, das war ein Versehen, wann möchten Sie denn zu uns kommen?" Sie fragt mich wirklich, wann ich kommen möchte! Vor lauter Schreck fällt mir erst mal nichts ein. Dann stimmen wir die Möglichkeiten ab. Was für ein Zimmer, was ich zuzahle, was mitzubringen ist. Ich werde ein Einzelzimmer mit

Bad, Balkon, TV und Kühlschrank haben und dies in vier Tagen beziehen können. Das bin ich mir wert. Irgendwo lächelt der liebe Gott und wirft das Messer des Herrn Professors in den Müll.

ES GEHT WEITER

Ich brauche für die Verdauung des eben Geschehenen etwas länger. Meine Güte, das war haarscharf. Wenn ich mich nun mit dem Brief zufrieden gegeben hätte, meiner Resignation nachgegeben hätte? "Was wäre wenn"-Überlegungen bringen gar nichts, also lasse ich es sein. Ich bedanke mich beim lieben Gott für seine Hilfe, bin wieder einmal sehr froh, die Möglichkeit des Befragens von Gott schon früh erlernt zu haben. Mein Elternhaus war gar nicht kirchlich oder besonders fromm geprägt. Irgendwie so nebenbei wurde mir ein lieber Gott im Himmel vermittelt. Inzwischen haben sogar Krankenkassen festgestellt dass Menschen, die beten, gesünder leben.

Am nächsten Tag rufe ich Georg an, um mich für den Tipp von Bad Wunderbar zu bedanken. "Da wirst du ja noch vor mir da sein!", ruft Georg erfreut in den Hörer. Er fragt nach, wo genau er mich antreffen kann. Ich erschrecke ein wenig, weil ich darüber noch gar nicht nachgedacht habe. Georg und ich in Bad Wunderbar! Du meine Güte, wie finde ich denn das? Georg ist Pfarrer, älter als ich und verheiratet. Wir haben vor sehr langer Zeit zusammen gearbeitet und uns richtig gut verstanden. Manchmal haben wir uns auch gezankt, oft auch sehr gemocht. Seine Familie kenne ich gut. Seit Jahren sehen wir uns nur noch selten. Georg ruft mich gelegentlich mal an. Mehr als mir sind ihm die irdischen Dinge wichtig, doch mag er meine Phantasie und ich seine realistische

Weltsicht. Ein Stück bewegter Vergangenheit in Bad Wunderbar. Georg und ich stellen fest, dass die chinesischen Klinik in der Nähe seines Domizils ist.

Er sprudelt über vor Ideen, was er mir so alles zeigen wird. "Georg!" schreie ich in den Hörer. "Ich habe einen Bandscheibenvorfall und kann kaum gehen!" Er meint, das wird sich geben und plant weitere Ausflüge mit mir. So war er immer. Voller Management und Tatendrang. Dass ich im Krankenhaus bin und er zur Kur, scheint ihm wenig auszumachen. Er freut sich, mich dort anzutreffen, und ich könne das ruhig auch tun. "Klar, freu ich mich", gebe ich von mir und überlege, ob das die Wahrheit ist. Mir ist so sehr nach Neubeginn zumute. Die alte Haltung, meine alte Lebenshaltung, schmerzt doch so sehr! Ich will üben, eine andere Haltung anzunehmen, dann tut mit Sicherheit auch nichts mehr weh. Davon bin ich überzeugt. Doch wie könnte meine neue Haltung werden? Georg erklärt mir fürsorglich den Weg nach Bad Wunderbar, rät die einen Wege zu fahren, andere zu umgehen. Nach dem frühen Tod meines Vaters habe ich mich lange nach väterlichem Ersatz gesehnt, oft nicht bemerkt, dass ich längst selbst erwachsen bin. Wir beenden unser Telefonat. Ich sage, dass ich mich bei ihm melden werde; er soll mir Zeit lassen zu mir zu kommen, mich nicht besuchen.

Georg ist nicht sehr begeistert, akzeptiert aber meinen Wunsch und verabschiedet sich mit der Bemerkung, dass ich schon immer ein eigenwilliges Zickchen gewesen sei. Seine Stimme ist zugewandt, warm. Ich suche mir alle

Straßenkarten, die ich finden kann, und überlege mir einen eigenen Weg. Jeden Kilometer dorthin will ich genießen. Nach praktischen Autobahnverbindungen ist mir nicht zumute. Schnell ans Ziel gelangen ist nicht mein Ding. Wer sagt uns denn verbindlich, was ein wirkliches Ziel ist? "Der Weg ist das Ziel." Diese Aussage gefällt mir seit Jahren ausgesprochen gut. Ich werde eine Zwischenübernachtung einlegen. Langes Sitzen im Auto ist nicht angesagt. Und da ich sowieso jeden dritten Parkplatz mit meinen Turnübungen beglücken werde, braucht die Fahrt Zeit. Eine Freundin hat mir von einem alten Gutshof erzählt. Man könne dort halbwegs preiswert übernachten. Ich suche und finde die Adresse und rufe an. Ja, ein einfaches Zimmer könne ich morgen zur Übernachtung haben. Es ist wirklich bezahlbar! Ich freue mich und bemerke Abenteuerlust. Ach so! Wie wird in so einem Zimmer die Matratze sein? Auf solche Überlegungen bin ich noch gar nicht eingestellt. Herrje, das ist ja wirklich neues Leben! Bis jetzt war mir die Ausstattung eines Billigzimmers immer abenteuerliches Vergnügen.

Oft romantische Zimmer mit abenteuerlichsten Klos irgendwo eine Treppe höher oder auf Hinterhöfen. Matratzen oft wie Hängematten. Manchmal habe ich mir Bretter von draußen organisiert, sie unter die Matratze geschoben. Einmal habe ich sogar die Luftmatratze aus meinem Auto geholt und neben dem Bett geschlummert. Na, vielleicht gibt es dort auch Bretter. Ist ja ein altes Gehöft. Katzen wären auch sehr angenehm. Ich liebe diese eigenwilligen Felltierchen seit frühester Kindheit.

Der Kater meiner Oma hieß "Muts", war schwarzweiß, dick und niedlich. Ich gab ihm öfter heimlich von meinem Würstchen ab, obwohl ich selbst äußerst scharf darauf war. Ja, Katzen auf einem Gutshof alter Art, das wäre fein. Und notfalls eben Bretter. Ich überlege, was ich alles mitnehmen muss. "Weniger ist mehr." Diese kluge Aussage will ich befolgen. Das Einpacken fällt mir sehr schwer. Ich muss mich so viel bewegen! Ein Freund will mir helfen. Das finde ich lieb von ihm, lehne aber dankend ab. Dieses Abenteuer möchte ich, so weit es geht, allein begehen. Nur so kann ich meine Grenzen erreichen und versuchen sie zu erweitern. Gela, meine befreundete Nachbarin, übernimmt Pflanzenpflege und Briefkastenleerung. Sie kennt das schon und macht das immer hervorragend. Sie ist ehrlich froh, dass ich endlich in die Pötte komme. "Ich bin schon lange in den Pötten," teile ich ihr mit. Der Hinweg zu den Dingen ist gleichberechtigt mit dem Rückweg. Und das sogenannte Ziel ist auch nur ein Weg. "Der Weg ist das Ziel", gebe ich noch oberschlau von mir!"

Gela ist wieder mal schwer beeindruckt. Mir ist klar, dass ich mir diese Weisheiten immer wieder selbst vorbeten muss! Nicht nur Gela ist froh, dass ich mich endlich in fachkundige Hände begebe.. Meine anderen Freunde und Bekannten geben Ähnliches von sich. Ob die Lebensbegleiter von der Surffreundin Adele auch so froh waren? "Wach bleiben!", sage ich mir eindringlich, es ist die einzige Chance die Angebote des Lebens mitzukriegen. Irgendwann ist fertig gepackt. Ich bin echt froh. Im

Briefkasten finde ich ein nettes Kärtchen von meiner Dienststellenleiterin. Ich hatte sie gestern gleich informiert. Sie schreibt, ich solle mir jetzt die Zeit für mich nehmen, die ich brauche. Sie hat eine Vertreterin für meinen Unterricht organisiert. Ich weiß, wie schwer so was heutzutage zu bewerkstelligen ist und bin ihr für diese Entlastung unendlich dankbar. Dr. Roderig, einer ihrer Vorgänger, fällt mir ein. Es ging mir damals gar nicht gut, Beziehungsstress. Ich wollte mich für einen Donnerstag arbeitsunfähig melden und rief ihn an. Nur an meiner Stimme bekam er meine Verfassung mit. Er fragte, ob ich schon ein Fenster geöffnet hätte, um die Sonne herein zulassen. Ich hatte wirklich nur meinen Namen genannt und mitgeteilt, dass ich einen Tag fehlen werde. Ohne Angabe von Gründen, wie das so üblich ist. Ich sagte, dass das Fenster noch zu sei. "Kind, dann öffnen Sie es und lassen Sie den Sonnenschein herein!" Er sagte es liebevoll, barmherzig. Artig öffnete ich damals das Fenster.

Dann fragte er mich, wann ich mir die letzten neuen Schuhe gekauft hätte. Ich stotterte rum, das sei schon lange her. "Dann gehen Sie heute in die Fußgängerzone "XY" und kaufen sich hübsche Neue. So was tut gut. Und bleiben Sie nicht in dem Bezirk, wo Sie Ihre Schüler treffen, das würde Sie nur verkrampfen lassen." Ich war gerührt wie Apfelmus über die große Empfindsamkeit dieses Vorgesetzten. Es ging mir wirklich sehr schlecht, und er hatte es gespürt. Zum Schluss setzte er noch hinzu: "Und morgen bleiben Sie auch noch zu Hause. Dann genießen Sie das Wochenende, und am Montag schauen

Sie dann weiter!" Dieser Theologe war ein weitblickender Mensch, der offensichtlich wusste, dass Zusammennehmen letztendlich zu ernsten Befindlichkeitsstörungen führt. Lieber beizeiten die Bremse ziehen. Keiner von uns Kollegen hätte die Freundlichkeit dieses Vorgesetzten je ausgenutzt! Er ist leider als deutscher Pfarrer ins Ausland gegangen. Bei meiner Reise durch die Institution Kirche habe ich einige würdige Vertreter des Christentums getroffen. Natürlich auch andere.

Darum freue ich mich wirklich sehr, über die schöne, ermunternde Karte meiner jetzigen Dienststellenleiterin. Neue Schuhe brauche ich auch! Schade, meine schönen Absatzschuhe werde ich nicht mehr tragen können. Auf gesunden Sohlen geht es am frühen Morgen los. Die Sonne lacht, es ist Mai. Ich liebe es, um diese Zeit zu fahren. Die Welt sieht frisch und neu aus. Mein Auto brummt gutwillig vor sich hin. Wir steuern einen ersten Parkplatz an. Ich finde einen stabilen Holzzaun in genau der richtigen Höhe, um mich ausbaumeln zu lassen. Mit beiden Armen stemme ich mich hoch, es knackt angenehm in den Wirbeln und ich spüre Erleichterung.

Nur ein Vogel schaut zu. Es scheint ihn wenig zu interessieren. Ich trinke einen großen Schluck aus meiner Wasserflasche, damit ich gut in Fluss bleibe. Dann gehe ich das Klohäuschen besuchen und fahre gemütlich meiner neuen Wege. Unterwegs versuche ich ein Gespräch mit meiner Bandscheibe. "Bist du zufrieden mit meinen Entscheidungen?", frage ich sie, mit einem Gefühl wie zu einem kleinen lieben Freund. Dabei versuche ich, mir die

Kleine vorzustellen. Vor meinem geistigen Auge entsteht das Bild eines kleinen, zufriedenen Wesens in lustiger Reisekleidung, das sich auf ein Abenteuer freut. Ich bin zufrieden und lasse es in Ruhe. Es wird eine gemütliche Fahrt, bei der ich einige Parkplätze kennen lerne. Manche mit ausbaumelfreudigen Zäunen, andere ohne. Das kleine Wesen in mir drin scheint das alles richtig zu finden und dankt es mit bestmöglicher Schmerzfreiheit.

UNTERWEGS

Irgendwann erreiche ich den kleinen Ort, in dem ich übernachten will. Ich bin erstaunt. Wirklich, ein großer alter Gutshof! Sofort sehe ich Katzen. Altes Gerät steht herum, es wirkt anheimelnd. Frau Gutsherrin zu finden ist schwer. Wir hatten nett telefoniert. Wenn ich komme, soll ich bei ihr läuten. Doch wo ist hier eine Klingel? Kein Mensch weit und breit zu sehen. Mein linkes Bein etwas nachziehend schlurfe ich suchend umher. Irgendwie schleicht mich Angst an. Wenn mein Beinchen hier aufgibt, in eine Lähmung übergeht! Au Backe, ich verkrampfe mich. Vom Lendenwirbelbereich an stechende Schmer-zen bis runter ins Bein! Vorsichtig lasse ich mich auf einen Holzstapel nieder.

Er hat genau die passende Höhe. Ich atme tief und flehe den lieben Gott um Hilfe an. Reichlich da, was ich liebe und brauche: Katzen zur Beruhigung. In jeder Form und Größe. Ganz leise und freundlich spreche ich nun zu einem Tierchen, versuche es zu mir auf den Holzstapel zu locken. Es dauert etwas. Das ist ja klar. Katzen sind sehr sensibel und müssen erstmal durch die Luft Kontakt aufnehmen, wahrnehmen wer da lockt. Ich habe mir ein besonders scheues Kätzchen ausgeguckt. Es braucht ziemlich lange, um vorsichtig immer näher zu kommen. Das Fell ist wunderschön und gut geputzt. "Du bist ein wunderschönes Kätzchen und ganz ängstlich", flüstere ich dem Kleinen zu, das nun schon sein Köpfchen an meinem linken Bein reibt. Es tut mir unendlich gut! Es geht noch mal ein paar Meter weg, guckt zurück, kommt wieder, steigt zu mir auf den Holzstoß. Bloß nicht gleich anfassen, erst beschnüffeln lassen, vorsichtig den Handrücken hinhalten.

Das Kätzchen schnuppert immer wieder. Ganz langsam und vorsichtig streichle ich jetzt einmal über seinen Kopf. Es lässt es geschehen und ich bin glücklich. Sein Fell glitzert in der Sonne, es schnurrt ganz leise. Ich darf jetzt den ganzen Rücken entlangstreichen. Wunderbar! Wir bleiben beide eine lange und erholsame Weile auf dem großen Holzstapel sitzen und freunden uns ein wenig an. Ich streichle und streichle, die kleine Katze schnurrt lauter. Meine Bandscheibe hat sich beruhigt. Wir sind alle zufrieden. Dermaßen aufgepeppt finde ich die Klingel. Ein Ecktürmchen, darunter ein Eingangstor. Frau Gutsherrin lässt auf sich warten. Ich klingle schon zum dritten Mal. Dann ein glockenheller Ruf aus dem Obergeschoss des Türmchens. "Ach, Sie sind schon da! Ich dachte Sie kommen viel später." Nach einem Weilchen erscheint sie lachend an der Tür. "Wir haben uns gerade köstlich amüsiert", teilt sie mir mit und reicht die Hand zum Gruße. Innen teure Gemälde an den Wänden eines langen Ganges. "Sie wollten ja ein einfaches Zimmer", sie weist auf ein Türchen hinter einem mächtigen Holzschrank längst vergangener Zeit. Das Zimmerchen hat ein Bett, ein Waschbecken, einen Stuhl und ein wunderbar altes Fensterchen mit Blick aufs strubblige Geäst zwischen Gutshaus und alter Mauer. Das Bad, eine Toilette und ein klitzekleines Waschbecken von ganz früher, ist gleich an der Ecke nebenan. Der Raum ist eiskalt. Die Temperatur in meinem Zimmerchen ist etwas wärmer, die uralte Heizung ist lauwarm.

Ich zahle gleich den Zimmerpreis. Er ist wirklich äußerst gering. Ein Frühstück hatten wir nicht ausgemacht. Ich will bei Tagesanbruch weiterfahren. Frau Gutsherrin geht ihrer lachenden Wege, ich erkunde das Bett. Gott sei Dank, eine erstaunlich feste Matratze! Im Bad drehe ich erst mal die kleine Heizung auf, schließe das Fenster. So ein Außenklo benutzt man natürlich nie allein. Es gibt noch andere Weggefährten, die Billigzimmer nutzen. Das Fenster in meinem Zimmer schließt nicht mehr so gut. Viele kleine Scheiben reihen sich aneinander. Heutzutage baut man ja teilweise auch wieder so.

"Postmodern" nennt man den Baustil. Ich wohne in so einem Haus. Doch jetzt bin ich hier, und das will gefeiert werden. Ich hole meinen "Fresskorb" aus dem Auto. Lauter leckere Sachen habe ich eingepackt. Und einen kleinen Reisetauchsieder, den meine Mutter mir vor Jahren vererbt hat. Ich habe ihn bei jeder Reise dabei. Er gibt Wärme. Manchmal hat er auch schon für einen Kurzschluss gesorgt. Doch ich hege und pflege ihn und hoffe, er wird mich überleben. Ich wähle einen Früchtetee und krame meinen Lieblingsbecher unter den vielen Sachen hervor. Neben dem Waschbecken am Fenster ist ein guter Essplatz. Vielleicht kommt eine Katze vorbei und leistet mir Gesellschaft. Mein Zimmer ist ebenerdig. Die Katzen sind offensichtlich gut genährt, ich verzehre mein köstliches Mahl alleine. Ein kleines Ruhepäuschen auf der guten Matratze, eine Stemmübung am Fenstersims, meine Bandscheibe verhält sich bestmöglich. Ich gehe in den großen Innenhof und schaue nach Katzen.

Frau Gutsherrin steht in der Mitte, plaudert mit einem Arbeiter. Sie ist groß und schlank, trägt eine Art Dirndl. Irgendwie ist sie alterslos, sehr gepflegt. Meine Kuschelkatze von vorhin kommt des Weges. "Mietzchen!" rufe ich ihr zu. Sofort bleibt sie stehen, schaut, ändert ihre Richtung, kommt zu mir und gibt Köpfchen. Ich gehe vorsichtig in die Hocke, streichle sie. "Das ist aber etwas Seltenes!", ruft Frau Gutsherrin mir zu, weist mit dem Kopf zur Katze. "Von mir lässt sie sich nicht fangen (!), sie hat so ein schönes Nerzfell!" Im Geiste sehe ich Dollarzeichen in ihren Augen, und lache mich innerlich kringelig.

Die Worte, die Frau Gutsherrin wählt: Nerz und fangen!! Vor solchen Menschen würde ich vorsichtshalber auch fliehen. Die Nacht bricht an. Nach einer kurzen Reinigungsaktion ziehe ich mich in mein Bett zurück. Die Bilder des Tages ziehen durch meinen Kopf. Draußen besucht ein Mensch unser gemeinsames Klo. Ich bin ziemlich verspannt und kann nicht einschlafen. Gestern ging die Seitenlage noch gut, heute geht gar nichts mehr. Es ist kalt in diesem Zimmer. Die Heizung ist nicht mal mehr lauwarm! Wieder schleicht mich diese Angst an. Es dauert ewig, bis ich mich aufraffe zum Auto zu gehen, meinen Schlafsack zu holen. Für solche Fälle habe ich den doch immer dabei. Alles tut weh, mein Gehen gleicht dem einer uralten Frau. Irgendwann liege ich wieder im Bett. Zusammengerollt und in meinem Schlafsack gehüllt. Als der Wecker klingelt habe ich das Gefühl gerade eingeschlafen zu sein. Ich schaffe es nur mit "Ach und Krach" aus dem Bett zu krabbeln. Hinter dem Fenster dicker Nebel. Wo ist mein kleiner Tauchsieder? Ich gebe ihm zur Begrüßung ein Morgenküsschen. Der Tee schmeckt anschließend wunderbar. Mein Auto ist taunass, aber startklar. Über den Hof trottet eine Katze. Ganz langsam kehrt Leben in mich zurück. Totenstille hier. Ich wage kaum den Motor zu starten.

Durch das große Tor des alten Gutshofes fahre ich weiteren Abenteuern entgegen. Nebelfetzen hängen in den Bäumen, hüllen noch Felder und Wälder ein. Ich rolle sehr langsam durch diese Wunderwelt, bin dankbar für den eingeschlagenen Weg. Auch solche Nächte gehen vorüber! Sonne lugt durch Nebelschwaden, es ist wie ein Gleichnis. Irgendwann die Autobahn. Auch hier noch kaum Verkehr. Ich stelle den Verkehrsfunk ein, lasse aber das Radio aus. Die Ruhe und das gleichmäßige Rollen der Räder sind Balsam für meine Seele. Manchmal denke ich, Autofahren erinnert uns tief innen an die unbeschwerte Zeit in unseren ehemaligen Kinderwagen. Ein Schluck aus meinem Trinkfläschchen, und weiter geht's. Heute benötige ich weniger Parkplätze für entlastende Turnübungen. Ich bin an meinen Autositz wie angeschweißt. Kilometer um Kilometer rolle ich vor mich hin. Schon lange sind mehr Autos unterwegs. Wenn ich da bin, werde ich mich den Chinesen übergeben. Die sollen mich dann zusammenflicken oder auseinandernehmen, ganz wie sie belieben. Mit dieser Phantasie erreiche ich Bad Wunderbar. Ehrlich gesagt, habe ich mir diesen Ort anders vorgestellt. Irgendwie romantisch. Hier aber tobt das Leben. Und zwar unangenehm.

Das hat mir Georg nicht erzählt. Immer nur, dass alles wunderbar sei. Die Bilder in den Prospekten waren viel schöner. Sicherlich wegen der Werbung. Wo, um Himmels Willen, ist denn die chinesische Klinik? Ich halte an, frage nach der Straße. Nicht bekannt. Ich frage nach der Klinik. Man kennt sie nicht. Das kann ja heiter werden! Schlagartig in der Realität anzukommen war noch nie mein Fall. Aber, wer seine Träume verwirklichen will, muss mit der Wirklichkeit umgehen können. Trotzdem würde ich in diesem Moment lieber in einem gemütlichen Bett der anthroposophischen Klinik liegen. Oh, diese vielen unterschiedlichen Gefühle! Endlich kann mir jemand den richtigen Weg nennen. Ich suche und finde. Gott sei Dank. Die Klinik liegt inmitten von schönen Bäumen und gefällt mir richtig gut. Vor der Tür Parkplätze. Ich komme kaum aus dem Auto raus. Vor lauter zielgerichteter Orientierung habe ich meiner armen Bandscheibe zu wenig Beachtung geschenkt. Das muss wirklich anders werden!

DIE KLINIK

Langsam gehe ich auf die Eingangstür zu. Die Klinke ist mit seltsamen Zeichen verziert. Ein fremdartiges Gefühl durchzieht meinen Körper. Mir fällt das Märchenbuch meiner Kindheit ein. Drinnen wirkt es wie ein Nobelhotel.

Ich bin irritiert und habe das Gefühl, hier nicht wirklich krank sein zu dürfen. Wieder nichts mit einfach umfallen und aufgesammelt werden! Vermutlich muss ich genau das lernen, mich selbst an die Hand zu nehmen und zur Gesundung zu führen. Die junge Frau am Empfang ist eine Deutsche. Freundlich fragt sie nach meinen Papieren. Ich reiche das Gewünschte rüber. Hinten sehe ich einen chinesischen Arzt. Er trägt Jeans und darüber einen offenen, weißen Kittel. Sein Gesichtsausdruck wirkt sehr sympathisch. Der Innenraum des Eingangsbereiches ist sehr schön. Mit großen chinesischen Buchstaben steht etwas sicher Sinnvolles an der Wand. Eine riesige Bambuspflanze thront in einer Ecke, überall sind wunderschöne Bilder. Ich fühle mich fremd und wohl, ein bisschen wie auf einer Abenteuerreise. Die junge Frau gibt mir einige Unterlagen, und ich erfahre, wo ich wohnen werde. Es ist etwas entfernt, in einem anderen Gebäude. Die Behandlungen werden teilweise hier, teilweise woanders stattfinden. So viele Informationen kann ich gar nicht verdauen, ich werde nachfragen müssen. Was wäre, wenn ich hier umfallen würde, wirklich keinen Schritt mehr gehen könnte? Ich frage nach. Die freundliche Dame lächelt, teilt mit, dass auch das geregelt würde. Ich bin beruhigt und irgendwie doch irritiert. Hier ist genau das was ich anstrebe. Ich bin ein mündiger Gast in einer mündigen Klinik! Eine mündige Klinik, davon schwärme ich schon viele Jahre. Vor langer Zeit machte ich ein Praktikum in einer spektakulären und mir durch ein Buch bekannt gewordenen Klinik für Ganzheitsmedizin im Schwarzwald. Der Chefarzt hatte sie selbst gegründet und half mit seinem Team von therapeutisch geschulten Mitarbeitern unzähligen Menschen, aus ihren durch Suchtverhalten entstandenen Störungen, Wege der tatsächlichen Genesung zu finden. Es wurde großen Wert darauf gelegt, dass die Hilfesuchenden "Gäste" und nicht "Patienten" genannt wurden.

Mich hat dieser Ansatz sehr geprägt und mein Leben nachhaltig verändert. Man muss sein Leben selbst in die Hand nehmen, wach für sich selbst und Realitäten werden, Hilfe in Anspruch nehmen, aber nie abhängig werden. Wach bleiben oder werden, da geht es lang! Mit diesen Gedanken im Kopf erreiche ich mein Zimmer. Ich bin zutiefst überrascht. So was Gutes aber auch! Schöne Aussicht auf ein Rapsfeld, netter Balkon, wunderbares Bad, ein Bett und zusätzlich eine Recamiere. Ein Schreibtisch, ein kleiner Tisch mit nettem Sessel, ein großer Spiegel, genügend Lampen, Safe, kleiner Kühlschrank und TV. Alles wie am Telefon besprochen. Nein, ich finde es noch etwas schöner.

Ich lege mich auf mein neues Bett, will entspannen. Herrje! Unter meinem Po ist eine ausgelegene Stelle.

Nicht viel, aber für mich deutlich spürbar. Ich fühle mich völlig überfordert. Was nützt mir dieses gute Zimmer, wenn ich nachts nicht schlafen kann!? Die Matratze erinnert mich an meine alte, gerade umgetauschte. Was soll ich nur tun? Vielleicht kann ich auf der Recamiere schlafen? Ich lege mich da hin. Schön fest die Unterlage. Aber ein jämmerliches Gefühl will nicht weichen. Nebenan höre ich einen Fernseher tönen. Das hat mir gerade noch gefehlt! Wie lange ich da so liege, weiß ich nicht genau. Jedenfalls ziemlich lange. Ich friere, weil ich keine Decke über mich gelegt habe. Das Fernsehprogramm von nebenan macht mich wahnsinnig. Ich müsste meine Sachen aus dem Auto holen. Ich glaube, ich schaffe das nicht. Vor Überforderung habe ich mich natürlich wieder sehr verspannt. "Bitte, lieber Gott, lass dir was einfallen!" Er lässt, oder ich lasse. Erst einmal die Zudecke vom Kuhlenbett holen, hinlegen und nachdenken. Ein Schrittchen nach dem andern verändern. Tun, was machbar ist. Unter der Decke wirds wärmer. Ich ziehe sie mir über beide Ohren und es wird leiser.

Als ich aufwache ist es fast dunkel geworden. Erst weiß ich gar nicht wo ich bin. Der Fernseher von nebenan ist aus. Ganz still ist es. Ich atme tief, öffne ein Fenster, ziehe mir gut riechende Rapsfeldluft ein. Wann und wo gibt es hier Essen? Ich habe einen Bärenhunger. Im Zimmer mache ich alle Lichter an. Hübsche Farben hat der Raum. Da liegt eine Beschreibung mit Essenszeiten. Ja, davon hatte die junge Deutsche am Empfang vorhin gesprochen. Der Korb im Auto fällt mir ein. Da sind noch etliche Köstlichkeiten drin. Auf dem Papier steht, dass man bestehende Mängel der Rezeption melden soll. Auch die Telefonnummer ist angegeben. "Tu es sofort, bevor du wieder ins Zweifeln kommst", sage ich mir und greife zum Hörer. Eine freundliche Männerstimme sagt, innerhalb einer Stunde sei eine neue Matratze da. Die Fernseher sollten selbstverständlich auf Zimmerlautstärke gestellt werden. Bei Verstößen ruhig bei der Rezeption um Abhilfe bitten. Manche Menschen seien eben schwerhörig, da müsse man halt mal nachhelfen, setzt der Rezeptzionist noch fröhlich hinzu. So einfach kann man Dinge regeln, wenn man nicht in seiner Hilflosigkeit gefangen bleibt! Ich habe keine Lust auf noch mehr neue Eindrücke und verzichte auf das Abendbrot, das gerade angeboten wird. Langsam und viel ruhiger begebe ich mich zu meinem Auto. Mein Rücken zwickt doch ziemlich doll. Bei soviel Arbeitsstress darf er das auch tun, gestatte ich mir und meiner Bandscheibe.

Ein wunderbarer Gepäckwagen erleichtert das Ausräumen meiner Taschen und Einzelstücke. Mit viel Zeit mache ich es mir in meiner neuen Behausung wohnlich. Zwischendurch klopft es. Eine nagelneue Matratze wird gebracht! Spitzenmäßig fest und anschmiegsam zugleich, ich bin glücklich. Meinem Picknick im Zimmer steht nun nichts mehr im Wege. Ich futtere gemütlich meine Reste. Morgen früh werde ich die Räumlichkeiten des Speisens erkunden. Mitten in der Nacht wache ich auf. Mein Nachbar telefoniert in vollster Lautstärke. Er hat einen bayerischen Akzent, unüberhörbar. Bevor mir der

Verstand stehen bleibt, krabble ich aus meinem Bett, ziehe meinen Bademantel über und klopfe bei ihm an die Tür. Es stört ihn offensichtlich wenig, er brüllt seelenruhig weiter in den Hörer, wohl etwas alkoholisiert. Wütend schlage ich mit beiden Fäusten gegen das Holz. Endlich öffnet er. Ein bayerischer Riese, bärtig, auf zwei Krücken. Tief durchatmend bemühe ich mich um Höflichkeit, strecke ihm meine Hand entgegen, stelle mich vor. Ob er so freundlich sein würde... Auch die Lautstärke des Fernsehers spreche ich an. Er verspricht Ruhe, sagt, dass er etwas schwerhörig sei. Froh über mein sofortiges Handeln begebe ich mich wieder auf meine gute Matratze. Gegen 5.30 Uhr weckt mich die Stimme des Bayern. Durch die Wand vernehme ich ein Telefonat über die Banalitäten des Alltags. Mein Magen krampft sich zusammen. Ich kann doch nicht schon wieder klopfen gehen!? Ich versuche es mit Weiterschlafen. Es geht nicht. Meine Wut steigt ins Unermessliche.

Mein einziger Krankenhausaufenthalt vor vielen Jahren geht mir durch den Kopf. Ich war noch ziemlich jung, einige Jahre vor dem Kennenlernen der Klinik im Schwarzwald. Es war ein Dreibettzimmer. Rechts neben mir eine junge Türkin, links neben mir eine ältere Afrikanerin. Vor uns ein Fernseher mit Schwenkarm. Schon damals schaute ich eher selten fern. Wenn, dann ausgesuchte Sendungen. Ich hatte ein großes Ruhebedürfnis. Die nette Schwarze auch. Yesim, rechts von uns, ganz das Gegenteil. Wenn es nach ihr gegangen wäre, hätte der Fernseher den ganzen Tag lang laufen sollen. Zusätzlich hatte sie häufig noch kleine Kopfhörer auf, aus denen unüberhörbar Musik dröhnte. Die Besuchszeiten waren sehr großzügig, so dass ihre Großfamilie mehrere Stunden am Tag anwesend war. Der Fernseher war immer auf ihrer Seite, auch wenn Besuch da war. Irgendwann war ich vom Gequassel der Familie, Spiellärm der kleinen Geschwister und Fernsehprogramm so irre im Kopf, dass ich laut zu schreien anfing.

Irgendwas Schreckliches. Dodo, links neben mir, verschwand unter der Bettdecke, rechts der Vater schimpfte laut, die türkische junge Frau sagte: "Dir fehlen Kinder, wenn du zu dumm dafür bist, ist nicht meine Schuld." Ich schrie noch lauter, ein Arzt kam, beschimpfte uns alle und verschwand. Es hat mich großen Einsatz gekostet, dieses Zimmer zu wechseln. Ich habe nichts gegen Menschen aus anderen Ländern. Lautstarke Deutsche Nachbarn regen mich genauso auf. Siehe mein bayerischer Nachbar, der noch immer telefoniert! Meiner Meinung nach sollten Fernseher und Telefone aus Krankenzimmern verschwinden. Wer wirklich gesund werden will, braucht Ruhe, zu sich selbst zu kommen. Von der Wurzel her heilen! Zeit, zu sich selbst zurückkehren zu dürfen.

Und genau das möchte ich hier auch. Zeit haben, um zu mir zu kommen. In wenigen Stunden habe ich den Vorstellungstermin beim Arzt. Die junge Frau hat es mir auf einem Zettel notiert. Visite im Zimmer gibt es nicht. Im Bedarfsfall ruft man einen Arzt oder Apotheker an. Regelmäßige Termine werden persönlich abgesprochen. Jederzeit ist medizinische Hilfe im Haus. Über so vielen

Gedanken schlafe ich doch wieder ein. Später werde ich vom Surren des Weckers wach. Die Sonne lacht ins Fenster, das Rapsfeld leuchtet gelb und gibt schöne Düfte ab. Allgemeines Rumoren, ein Geräusch das sein darf. Offensichtlich machen sich die Gäste dieses Hauses zum Frühstück bereit. Vom Nachbarn ist nichts zu hören. Ich fühle mich ganz gut.

Mein Rücken tut weh, das linke Bein ist nach wie vor eingeschlafen, doch mein Seelenleben hat Abenteuerlust. Über mein schönes Bad bin ich restlos begeistert. Griffe an der richtigen Stelle, großer Spiegel, sogar ein Föhn. Es wirkt alles so hell, freundlich und blitzsauber. Gestern habe ich nicht mal mehr geduscht. Um so mehr macht es jetzt Freude. Ich lasse warmes Wasser über meinen Körper rinnen, stelle mir vor, wie der Schmutz von vielen Jahren abgespült, weggespült wird. Ich werde meinem geplagten Rücken viel Aufmerksamkeit schenken, weiter Inventur machen, verdauen was noch zu verdauen ist. Mein schönes Schreibheft und viele bunte Bleistifte habe ich eingepackt. Neugierig beginne ich diesen Tag. Ich werde alles erkunden. Aber langsam, Stück für Stück.

DER SPEISESAAL

Auf meinem Weg zum Frühstück erblicke ich durch große Glasscheiben das Thermalbad. Eine tolle Anlage. Einige Menschen wandeln in der dampfenden Masse umher, andere ruhen auf grünen Liegen aus. Menschen in Bademänteln kommen mir entgegen. Viele Leute gehen hier an Krücken. Es gibt auch Rollstuhlfahrer. Der Himmel möge verhüten, dass ich in so einem Teil landen werde. Es zieht mir schmerzhaft durch den Rücken! Die Tür zum Speisesaal ist weit geöffnet. Viele Vierertische, aber auch Stehtische. An einem steht ein junger Mann in leicht gebeugter Haltung. Überhaupt gibt es viele junge Leute, flott und zeitgemäß gekleidet. Manche gehen noch langsamer als ich. Ein Mann, der wie ein Oberkellner im Luxushotel wirkt, spricht mich an. Sicher hat er mein unsicheres Herumschauen bemerkt.

Seine Funktion ist tatsächlich entsprechend. Er teilt die Bedienungen ein und weist neuen Gästen einen Platz zu. Ich komme an einen Tisch, der bereits mit zwei Damen und einem Herrn besetzt ist. Meine neuen Tischgenossen begrüßen mich freundlich. Wir stellen fest alle erst kürzlich eingetroffen zu sein. Nein, der Herr mir gegenüber nicht. Die blonde Frau neben mir kommt unüberhörbar aus Hamburg. Sie trägt viel klassischen Schmuck. Wie selbstverständlich sagt sie "du" zu mir. Schräg gegenüber Mona aus München. Sie wirkt zurückhaltender, spricht mich mit "Sie" an. Wir Frauen mögen etwa in einem Alter sein. Unseren Tischherrn schätze ich etwas jünger ein. Er kommt aus einem kleinen Ort in Thüringen. Ich frage die Anwesenden, ob sie sich schon etwas besser auskennen. Mona war schon einmal vor zwei Jahren hier. Die Akupunktur sei ihr hervorragend bekommen. Angelika aus Hamburg spricht dazwischen: "Nee nich, sone Nadeln lass ich bei mir nich ran." Ich bin erstaunt, kann man hier auch anders behandelt werden? Dieter aus Thüringen erklärt, dass er sonst nicht hier wäre. Mit den Chinesen hätte er nichts am Hut! Ich erfahre von allen möglichen Behandlungsmethoden rund um die Klinik. Wirklich ein erstaunlich weit gefächertes Feld. Überwiegend werden orthopädische Probleme behandelt. Akupunktur greift jedoch auch andere Störungen auf. Dieter hat schon jahrelang Beschwerden, die von seiner Wirbelsäule kommen. "Hat auch Vorteile", meint er. "Bei der Nationalen Volksarmee war das gut! Echt, eine Viertelstunde, dann war ich ausgemustert. Bedingt tauglich!" Er macht eine Atempause, schaut nachdenklich in die Ferne. "Nur die Flinte durfte ich tragen..." Dann sagt er nichts mehr. Wir schweigen alle für einen Moment.

"Was fehlt Ihnen?", fragt mich Mona. "Bandscheibenvorfall. Ich will das hier akupunktieren lassen." Angelika fällt ins Wort: "Mensch, sagt doch 'du' zueinander!" Ich teile mit, dass ich oft erst mal zurükkhaltend sei. "Bist wohl sone ganz Feine, was?" Die Hamburgerin geht ran! Ich bin platt. Mona aus München grinst: "Das werden wir dir schon abgewöhnen." Jetzt hat sie auch "du" gesagt! Dieter aus Thüringen lacht. Mir fällt nichts mehr ein. Madame Hamburg stupst mir von rechts in die Seite: "Wir werden dich schon richtig erziehen!" Leise und etwas unsicher gebe ich von mir: "Na ja, ihr könnt das ja versuchen. Schaden tut's mir sicher nicht. Ich bin wirklich etwas weltfremd." Mir ist noch nicht klar, ob ich das auch wirklich will. "Kriegen wir schon hin, mein Deern." Von rechts bekomme ich die Schulter getätschelt.

"Ist sicher kein Zufall, dass du bei uns gelandet bist." Das sagt Mona aus München. Eine Weltstadt lässt grüßen. Aber ich komme ja auch aus einer. Und überhaupt, hier kommen drei große Städte zusammen. so ein Zufall! Ein bisschen Erziehung in "ganz normal sein" könnte mir sicher nicht schaden. Norm, das heißt ja Richtschnur, Regel. Das, was die meisten machen. Meine Eltern haben uns Kinder sehr frei und phantasievoll erzogen, was ich ihnen sehr danke. Allerdings hatte diese Erziehung den unangenehmen Effekt, dass ich ziemlich weltfremd wurde. Man kann ja viele Dinge lernen und auch ausführen, aber im Innern in einer Phantasiewelt leben. Bei Spaziergängen erzählte mein Vater von sprechenden Bäumen und fröhlichen Tieren, die dahinter vorlugten. Er sagte nie, dass eine Tanne eine Tanne sei. Nein, das war einfach ein schöner Baum, der davon träume, zu Weihnachten Lichter auf den Zweigen zu haben. Ich glaubte lange an Osterhasen mit Eimern voller Farbe und Pinsel in den Pfoten, mit denen sie Eier bemalten. Der Weihnachtsmann wohnte selbstverständlich in einem alten, versteckten Haus im Wald und war ein liebevoller alter Herr. Selbst Lehrer mit ihren Aufklärungsversuchen bissen bei mir "auf Granit".

Mir war schon klar, dass sie Recht hatten, doch tief im Innern pflegte ich diese herrlichen Phantasien. Irgendwann bin ich dazu übergegangen, das Rollenspiel "ich bin erwachsen" zu spielen. Viele Menschen spielen nach außen hin Rollen, das weiß ich längst. Manch einer ist innen sehr unsicher und mimt gegebenenfalls den "brüllenden Löwen". Jedenfalls hat mich dieses ganze Wissen sehr sensibel für das Rollenspiel anderer werden lassen. Und leider habe ich manchem Lehrer solch demaskierende Wahrheiten ins Gesicht gesagt. So was mag keiner. Wenn es dafür Strafen gab, haben meine Eltern nicht gemeckert. Meine Mutter hat schon erklärt, dass ich das lieber nicht tun sollte. Mein Vater hat sich sein Grinsen verbissen.

Wenn es ganz schlimm kam, habe ich mich mit dem lieben Gott im Himmel unterhalten. Das tue ich erfolgreich bis zum heutigen Tag. Das alles zieht durch meinen Kopf und will verdaut werden. Passt gut zum Speisesaal, ich träume vor mich hin und rühre in meinem Quark. Mona, Dieter und Angelika sehen mich merkwürdig an. "Ist was?" frage ich in ihre Gesichter. "Nee nich. .", sagt Angelika,"... ich dacht man bloß." Ich frage zurück, was sie gedacht hat. Die drei gucken sich vielsagend an. Eine Antwort bekomme ich nicht. Ich frage die nette Bedienung, ob es hier Dinkelbrot gibt. Sie scheint das nicht zu kennen, will die Wirtschaftsleiterin fragen. Angelika findet meine Frage sehr merkwürdig. Es seien doch genug Brotsorten da. "Stimmt", sage ich, "aber kein Dinkelbrot". Mona gibt zu bedenken, dass ich ja vielleicht meine

Gründe hätte. Ich lächle zu ihr rüber und sage “stimmt”. Dann erzähle ich von der Blutgruppen-Diät nach Dr. Peter J. D'Adamo aus den USA. Eine Kollegin hatte mir ein Buch darüber geschenkt. Ich habe es vor einigen Jahren gelesen und lebe seitdem nach dieser Methode. Meine Verdauung ist ausgezeichnet, ich habe mein Idealgewicht und außer meinem Bandscheibenvorfall bin ich kerngesund.

"Was du alles treibst!", sagt Angelika, "nie davon gehört." Mona kennt das Buch, Dieter zuckt die Achseln. "Geh, du lebst wirklich unnormal", sagt Mona über den Tisch rüber, "ich bin viel zu dick". Ich frage nach ihrer Blutgruppe, weil man die wissen muss, um nach der benannten Diät zu leben. Sie kennt sie nicht. "Müsst i mal fragen", gibt sie nachdenklich zur Antwort. "Diät, wenn ich das schon höre!", sagt Angelika aus Hamburg. Sie ist sehr schlank, fast dünn. Ich erzähle, dass es sich eher um eine bewusste Art der Ernährung handelt. Die meisten Menschen essen nur ihnen Bekanntes, denken selten über Inhaltsstoffe nach. Schon gar nicht darüber, was zu uns passt. Dieter meint, er isst was ihm schmeckt und Ende. "Kannst du ja machen", sage ich freundlich zu ihm rüber. Er holt sich noch mehr Wurst und Schinken vom Frühstücksbüfett.

Angelika erzählt von sich. Es gibt kaum ein Leiden, das sie nicht hat. Von Migräne über Beschwerden im Magen- und Darm-Bereich, Bandscheibenvorfall, Unterleibsoperationen, bis zu Störungen der Blasen- und Nierenfunktion. Erkältet ist sie auch häufig; ihr

Seelenleben sei ein Trümmerhaufen. Sie tut mir echt leid. Seit einiger Zeit ist sie im Frühruhestand, ihr Mann hat sich von ihr getrennt. Mona arbeitet noch als Buchhalterin, hat einen verantwortungsvollen Job, der ihr sehr wichtig ist. "I arbeit viel zu viel", sagt sie, nicht ohne Stolz. Seit einiger Zeit hat sie einen jugendlichen Liebhaber, der sie demnächst besuchen kommt. Ob ich verheiratet sei, Kinder habe, fragt sie. "Nein", ist meine klare Antwort, "habe ich nie gewollt, wäre eine Katastrophe geworden". Alle drei wollen wissen, warum. Ich berichte von meiner angeborenen Abenteuerlust, dass ich einmal verlobt war, diese Jahre wunderschön waren; als er unbedingt heiraten wollte, machte ich Schluss. Ich war Mitte zwanzig und wusste, dass ich meine Freiheit brauche, um mich entfalten und vorher entwickeln zu können. Hätte ich Kinder in die Welt gesetzt, wäre das wirklich verantwortungslos gewesen.

Ich brauchte meine ganze Kraft, um mit der realen Welt umgehen zu können. "Bisschen egoistisch, wie! ?" gibt Mona von sich. Sie hat einen Sohn. "Ich will nur sein Bestes", sagt sie. "Und was behält er?", frage ich zurück. Sie schaut irritiert, sagt: "Geh, du sagst ja Sachen!" Angelika hat riesige Probleme mit ihren zwei erwachsenen Kindern. Sie kümmern sich zu wenig um sie. "Kümmerst du dich um dich?" frage ich sie. "Dazu hatte ich nie Zeit", gibt sie aufseufzend von sich. Ihr Psychologe in Hamburg fragt auch immer solche Dinge. Sie lächelt mich an. Dieter scheint unser Gerede nicht zu interessieren. Er verspeist seine Brötchen, scheint zufrieden mit sich und der Welt. Eine ältere Dame im weißen Kittel erscheint neben mir. "Sie haben spezielle Wünsche?" In ihrer Stimme höre ich Vorwurf. Ich frage nach ihrer Funktion. Sie ist die Wirtschaftsleiterin der Klinik. Von der Blutgruppen-Diät habe sie noch nie gehört, man könne nicht alles wissen.

Hat sie vollkommen Recht. Aber die Art, wie sie mir alle Diäten ihrer Küche aufzählt, gefällt mir nicht. Sie wertet meine favorisierte Richtung ab. So was Besonderes wie Dinkelbrot müsse mein Arzt mir verschreiben. Ich bin wirklich sehr erstaunt, weil dies zu der offensichtlichen Weltoffenheit dieser Klinik nicht passt. Dinkel ist doch inzwischen ein weit verbreitetes Nahrungsmittel und keine Besonderheit mehr! Ich nehme mir vor, für ein Dinkelbrotattest zu sorgen, bedanke mich bei Frau Wirtschaftsleiterin und begnüge mich für heute mit meinem Quark.

"Geh, wenn alle Leit so wär'n wie du..!", sagt Mona und schüttelt bekümmert den Kopf. Angelika findet, ich könne mich ruhig etwas anpassen. Dieter schüttelt nur stumm seinen Kopf. "Ich sage doch, ihr dürft mich erziehen", teile ich meinen Tischdamen mit. "Meine Freunde sind eher so wie ich, von denen kann ich nichts Normales lernen." Mona meint, dass es entsetzlich sein müsse, wenn die und ich gemeinsam auftreten. Wir blieben meistens unter uns, teile ich mit.

Die nette Bedienung fängt an abzuräumen. Wir müssen auch gehen. Jeder hat andere Termine. Beim Verlassen des Speisesaals winken wir uns fröhlich nach.

"Und erschreck' den Arzt nicht so!", ruft Angelika mir noch lachend hinterher. Ich finde diese Frauen irgendwie wunderbar und werde die Chance nutzen, die mir das Leben hier bietet.

ARZTTERMINE

In meinem Zimmer angekommen, klingelt gleich das Telefon. Eine freundliche Stimme fragt, ob ich schon zu einer Erstuntersuchung war. "Nein, war ich noch nicht." Die junge Frau am anderen Ende der Leitung teilt mir mit, dass sich etwas geändert hätte, der Chefarzt der Chinesen sei gerade überlastet. Sie gibt mir einen Termin für nachmittags bei Dr. Weißhaupt. "Wie bitte!?" rufe ich in den Hörer und sehe im Geiste Adeles messerwetzenden weißhaarigen Professor vor mir, "das kommt gar nicht in Frage!"

Meine Telefonpartnerin hält spürbar die Luft an. Ich bin so empört, dass ich noch eins draufsetze: "Ich fahre doch nicht den ganzen Weg, um wieder bei den Deutschen zu landen!" Die junge Dame erklärt mir freundlich, dass es hier natürlich auch deutsche Mitarbeiter gäbe. Und Dr. Weißhaupt sei lange in China gewesen. Ich will von dem chinesischen Chefarzt untersucht werden und sonst von niemandem! Das teile ich sehr deutlich mit. Immer noch freundlich bekomme ich erklärt, dass die Untersuchung sowieso von beiden Ärzten vorgenommen werde. Die Reihenfolge sei unerheblich. Allerdings würde es höchstwahrscheinlich von chinesischer Seite aus die Vertretung des chinesischen Chefarztes sein. Obwohl ich hier niemanden kenne, sage ich: "Ich möchte aber von dem Chinesischen Chefarzt untersucht werden und zwar heute noch!" Die junge Frau sagt, dass sie mich wieder zurückrufe. Ich lege mich auf die Recamiere und bin wieder mal der Verzweiflung nahe. Alles tut mir wahnsinnig weh! Es ist so grauenvoll immer kämpfen zu müssen. Doch tut man es nicht, ergeht es einem wie Adele!

Muss ja nicht sein, sagt etwas Tröstliches in mir. Sich einfach mal auf die Dinge einlassen, nicht immer so misstrauisch sein. Meine andere Stimme aber mahnt dringend zur Wachheit. Und genau da geht es lang, nicht misstrauisch, jedoch hellwach sein! Zwischen diesen beiden Möglichkeiten unterscheiden zu können, das ist wahre Lebenskunst. Blitzschnell erkenne ich dieses Geheimnis. Das Telefon klingelt erneut, die freundliche Frau von eben: "Könnten Sie jetzt gleich zu Dr. Weißhaupt und in einer Stunde zu Dr. Yun, das ist der chinesische Chefarzt, kommen?" Ja, ich kann. Natürlich! In den Hörer aber bedanke ich mich freundlich, sage: "Ja, ich kann die beiden Termine gut wahrnehmen. Vielen Dank für Ihre Mühe." "Danke, lieber Gott" flüstere ich vor mich hin. Die Frau am Telefon hat mir die Örtlichkeiten erklärt, ich habe es notiert. Immer wieder: man muss sagen was man will. Und vorher muss man natürlich wissen was man will. Allerdings heißt das noch lange nicht, dass wir bekommen was wir wollen. Das entscheidet der große Weltenmanager, denn der allein hat den vollen Überblick, weiß was mir gerade hilfreich ist und was nicht. Ich bin neugierig auf beide Ärzte.

Bei Dr. Weißhaupt vor der Tür sitzt eine junge Frau. Wir kommen ins Gespräch. Sie hat auch einen Bandscheibenvorfall und eine Trennung von ihrem langjährigen Lebenspartner hinter sich. "Immer wenn ich mit ihm zusammen war, hatte ich tierische Rückenschmerzen!" Ich frage, warum sie nicht früher von ihm weggezogen ist. "Man denkt immer, das geht schon noch, nimmt sich halt zusammen." "Wenn ich mich zusammennehme, tut mir auch alles weh", sage ich, und wir reden noch ein bisschen über die Zusammenhänge unserer seelischen Verfassung und das Mitschwingen des Körpers. Dann werde ich von einem ca. zweiundvierzigjährigen Mann mit dünnen dunkelblonden Haaren ins Zimmer gebeten. Er trägt einen offenen weißen Kittel. Mein CT und alte Röntgenaufnahmen habe ich dabei. Seine Aussprache wirkt wienerisch, seine gelassene Haltung auch. "Setzen S' sich halt da hin." Er weist auf einen Lehnstuhl an seinem Schreibtisch. "Was kann i für Sie tun?"

"Ich habe einen Bandscheibenvorfall." Er nickt bedächtig, schaut durch seine Lesebrille auf meine geschlossene Akte. "Ja, das haben viele, da haben S' ja Glück mit Ihrem." Innerlich wütend frage ich, warum ich Glück habe. "Geh, schauen S’" die vielen Leit hier, dagegen geht's Ihnen halt gut." Meine Wut bleibt. Vorsichtig schiebe ich ihm meine Computertomografie (CT) hin. "Da können Sie sich meinen Bandscheibenvorfall ansehen. Mein Arzt zu Hause sagt, ich käme an keiner Operation vorbei!" Doktor Weißhaupt lächelt mild. "Geh, das schau i mir vielleicht später mal an." Ich schlucke, mir fehlen die Worte. "Wollen S' a Operation?" fragt er gelassen. "I kennt Ihnen viele Doktoren nennen, die Sie sofort unters Messer nähmen." Natürlich will ich das nicht, sonst wäre ich wohl kaum hier. Das sage ich unwirsch. "Also, was kann i für Sie tun?" fragt er gelassen lächelnd. Er nimmt eine Liste von seinem Schreibtisch auf, liest vor, was möglich wäre. Verdammtes Erwachsensein! Wieder kein "Onkel Doktor", der weiß was für mich gut ist. Das Angebot ist ausgezeichnet! Ich wähle manuelle Therapie, jede Menge Bäder und Naturfango, Fußzonenreflex-Massage, Ganzkörper-Massage. Er kreuzt das Gewünschte an. Dann fordert er mich auf, etwas hin und her zu gehen und mich anschließend hinzulegen. Jetzt fragt er endlich wann und wie was wehtut. Er hört zu und testet dabei Bewegungsmöglichkeiten und Einschränkungen. Nach dieser Untersuchung bleibt er bei seiner Aussage, ich hätte Glück mit meinem Bandscheibenvorfall, bloß keine Operation! Mein taubes Bein würden die Chinesen schon wieder hinkriegen.

"Schonen S' sich a wenig", sagt er zum Schluss. "Wenn S' mi brauchen, rufen S' halt an, dann hab i Zeit." Er lächelt freundlich, drückt mir den Zettel mit den Maßnahmen in die Hand, den soll ich bei den Damen gegenüber zur Bearbeitung abgeben. "Ach, brauchen S' noch ein Schmerzmittel?" fragt er in der offenen Tür stehend. "Nein, danke, ich habe Pflanzliche." Beim Schließen der Tür antwortet er mir: "Sag' i doch, Sie wissen was S' wollen!" Ich hoffe sehr, dass ich das auch wirklich weiß. Etwas durcheinander irre ich in den Räumlichkeiten der Klinik umher. Wie finde ich das eben Erlebte denn nun? Der hat sich nicht mal meine

Computertomografie angeschaut! Mit etwas Geduld finde ich auch mein Zimmer wieder. Der Bayer schließt gerade das Nachbarzimmer auf, hat seine Krücken an die Tür gelehnt. Auf Bayerisch fragt er: "Na, Frau Nachbarin, alles ruhig verlaufen?" Oh Gott, den Lärmheini gibt es ja auch noch zu bewältigen! Ohne auf eine Antwort zu warten, schraubt er sich in seinen Raum. Ich höre die Krücken polternd hinfallen, dann ein infernalisches Luftlassen durch die hintere untere Körperregion. "Denk daran, dies soll ein Abenteuer sein!" ermahne ich mich, und wünschte, ich hätte jetzt jemanden, bei dem ich mich ausheulen könnte. Der Bayer stellt laut seinen Fernseher an. Gott sei Dank habe ich jetzt meinen Termin bei dem chinesischen Chefarzt, Dr. Yun. Ich trinke einen großen Schluck aus meiner Wasserflasche und mache mich auf den Weg nach "China". Die Behandlungsräume der Chinesen sind zauberhaft.

Augenblicklich habe ich das Gefühl, gefunden zu haben, was ich suchte. Ausland, über Grenzen sein. Es riecht so gut, so fremd, so weit. Wundervolle Musik, leise und unaufdringlich. Eine Welt in der Welt. Auf schlurfenden Latschen und trotzdem leise, wechselt eine junge, schlanke Chinesin von einem Raum zum andern. Sie wirkt entspannt, bei sich selbst und wach für Äußeres zugleich. Ich weiß, dass ich hier richtig bin. Tiefer innerer Friede breitet sich aus. Stundenlang könnte ich auf diesem Stuhl verweilen, einfach nur schauen. Den Eingangsbereich kenne ich schon von gestern. Hier war ich angekommen. Auch heute wieder angenehm freundliche Begrüßung. Dr. Yun würde bald für mich da sein. Der Stuhl, auf dem ich sitze, ist mit wunderschönem Stoff bezogen und bequem. Neben mir noch einige dieser Art. Die Wände der Räumlichkeit tragen Pastellfarben und Zeichnungen mit chinesischen Motiven. Ich fühle mich unbeschreiblich wohl. Von hinten höre ich chinesische Stimmen. Es klingt engagiert und voller Lachen.

Ein großer, schlanker Chinese mit vollem, wuschligem Haar kommt an mir vorbei. Er schaut mich neugierig an, bleibt stehen. "Sie warten auf Dr. Yun?" Warme Stimme, chinesischer Akzent. "Von wo Sie kommen?" Ich bin angenehm berührt. Er fragt so absichtslos. Irgendwie, als sei ein Marsbewohner das erste Mal auf der Erde, würde nichts Böses kennen, hätte nur riesige Lust auf Kennenlernen, weil es schön ist, gemeinsam Leben zu erforschen. "Ich komme aus Berlin." Seine Augen strahlen auf, er reicht mir warm seine Hand, sagt einen Namen, den ich nicht verstehe. "Welchen Bezirk Sie kommen? Ich studieren in Berlin!" Er kennt meinen Wohnbezirk und freut sich mächtig. "Was Sie arbeiten?" Ich erzähle, er strahlt noch mehr. "Hier kommen dicke Frau aus Berlin", er bedeutet den Umfang, "auch von Kirche, wollen dünn werden, ganz doll nett!" Er lacht über sein ganzes Gesicht, sieht aus wie ein großer Junge. Dann fragt er mich, ob ich sie kenne. Der Name fällt ihm nicht ein, aber auch Kirche... Sie arbeitet auch mit Kindern. Er beschreibt noch einmal mit ausladenden Gesten die Berlinerin. "Sie wirklich auch Kirche. Sie müssen kennen!" Es gibt so viele Menschen in der Kirche, dicke und dünne. Es tut mir echt Leid, ich weiß nicht, um wen es sich handelt. Er lacht, zieht schlurfenden Schrittes weiter.

Vielleicht gibt es in China nur eine Hand voll Christen und jeder kennt jeden? Später erfahre ich, dass dieser Mann der stellvertretende Chefarzt war. Doch noch sitze ich auf meinem schönen Stuhl und genieße die zauberhafte Atmosphäre. Das CT und die Röntgenbilder habe ich neben mich gelegt. Eine ältere Chinesin schlurft hinten durch eine Tür. Auch sie wirkt total gelassen. Der weiße Kittel, den sie trägt, wirkt etliche Größen zu weit. Sie ist klein und auch sehr schlank. Ob das alles Ärzte und Ärztinnen sind? Ich versuche mir China vorzustellen. Ein riesiges Land. Zu meiner Schande muss ich gestehen, aus der Kinderphantasie nie erwacht zu sein.

Klar höre auch ich in den Nachrichten über politische Aktivitäten, die einen das Fürchten lehren. Und in der Schule haben wir dieses Land auch gestreift. Doch zwischen Kopfdenken und etwas wirklich ganzheitlich erfassen liegen bekanntlich Welten. Ich brauche China als Zauberwelt. Konfuzius und so. Schon vor Jahren gefielen mir alte chinesische Sprüche: "Auf dem kleinsten Kleeblatt glitzern Tropfen in des Mondes Licht, hoch und niedrig, arm und reich, entbehrt den Glanz des Himmels nicht."

Durch diese Träume erscheint Dr. Yun. Er schlurft nicht, hat aber auch diese gelassene Ausstrahlung. "Kommen Sie rein", er deutet beim Herannahen auf die Tür vor der ich sitze. Im Gehen reicht er mir freundlich seine warme Hand. Er ist mittelgroß, ungefähr Mitte

Vierzig, dunkles, kurzgeschnittenes Haar, europäische Brille. Allerdings kenne ich keine chinesische Brille! Oh, diese Vorurteile! Auch er hat ganz klar den unverwechselbar chinesischen Akzent. "Entschuldigen Sie, dass ich Sie warten lassen musste, es ist zur Zeit so viel los!" Er weist mit seiner Hand auf den Stuhl vor seinem Schreibtisch. Es ist der gleiche, wie der, auf dem er Platz nimmt.

Auch er hat dieses schöne, absichtsfreie Lächeln, als er mich fragt, woher ich komme. Meine Akte hat er vor sich liegen und schaut auch hinein. Berlin kennt auch er. "Unruhige Stadt", sagt er freundlich und wertfrei. "Tut es sehr weh?" fragt er dann und weist dabei mit seiner Hand zu seiner Rückseite. Sein Deutsch ist ausgesprochen gut. Ich erzähle wie es mir geht, was ich mit meiner Bandscheibe erlebte. Er hört neugierig wie ein Kind zu, grinst ab und an. Dann erzählt er von sich, von seinem Studium in Deutschland, der Promotion, den deutschen Krankenhäusern, die er kennerlernte. Er musste auch ganz normale Schulmedizin studieren, was für ihn nicht einfach war. Er stammt aus Peking, hat da im Krankenhaus gearbeitet. In China Traditionelle Chinesische Medizin studiert. Dr. Yun ist irre sympathisch. Er will meine Zunge sehen. Zungendiagnostik gehört zur TCM. Ich soll umhergehen. Daran kann man die Verfassung erkennen. An den Händen auch.

Er fühlt meinen Puls, schreibt sich was auf. Dann ruft er einen weiteren Arzt hinzu, stellt ihn mir vor. Auch er hat ein Namensschildchen an seinem offenen weißen

Kittel: Lung Sheng. Strahlend reicht er mir seine breite Hand. Er ist ca. 10 cm größer als ich, schwarze dicke strubblige Haare, stämmig vom Körper her, vermutlich in meinem Alter. Sie reden Chinesisch. Dr. Yun zeigt ihm mein CT, das er an eine Lichtleiste heftet. Der neue Arzt kommt mir wie ein Unbekannter aus einer fernen Welt vor. Sie reden eine Weile miteinander, als verhandelten sie ein wichtiges Problem. Dann wendet sich Dr. Yun an mich: "Ich hoffe, Sie kommen an einer Operation vorbei. Ich traue es Ihnen zu. Dr. Sheng wird Sie täglich mit Akupunktur und Tuina behandeln. Bei Fragen wenden Sie sich an mich." Er nimmt meine Computertomografie von der Lichtleiste, steckt das Bild wieder in die große Tüte, gibt es mir zurück. Dann gehen wir alle drei hinaus, einen kurzen Weg entlang, in einen schönen kleinen Raum. Ich frage Dr. Yun, was "Tuina" sei.

Es ist eine typisch chinesische Bewegungstherapie, die Akupunktur in sinnvoller Weise unterstützt. Lung Sheng hätte in China ein Buch darüber herausgegeben. Er sagt noch etwas auf Chinesisch zu meinem Behandler und verlässt den Raum. Lung Sheng wendet sich mir zu. Er spricht kaum Deutsch. "Hinlegen, vorher ausziehen, ich kommen wieder!" Lautlos ist er verschwunden. "Pearl Harbor" geht mir durch den Kopf und ich kriege Gänsehaut. Aber das waren ja die Japaner... Trotzdem ist mir unheimlich zumute! "Du und deine Abenteuer! " meckere ich mich im Geiste an. Durch das Fenster sehe ich einen wunderschönen Baum im üppigen Maiengrün, hohes Gras, Löwenzahn in fetten Stauden. Ich stelle fest, dass ich in Deutschland bin. Irgendwie beruhigend! Die Liege sieht gut aus. Sehr sauber, schneeweißes Leinentuch. Auf einem Tischchen jede Menge Akupunkturnadeln, Tinktur, Streichhölzer, Gläschen zum Schröpfen. Ein kleiner Holzhocker daneben. An der Wand ein einfacher Hängespiegel. Ich gucke hinein, nur mein Kopf ist zu sehen. Ausziehen und hinlegen... Was soll ich ausziehen? Die Musik ist noch immer angenehm am Schwingen. Erst jetzt nehme ich sie wieder wahr. Die Tür geht auf, der Arzt mit der dicken Kirchenfrau lacht rein. "Ach, Sie sind hier. Kennen nicht die Frau aus Kirche?" Wieder verneine ich, er geht. Ich ziehe meine Kleidungsstücke aus, behalte Slip, BH und mein Seidenhemdchen an. Seit Jahren bevorzuge ich die Farbe schwarz. Fast lautlos öffnet sich die Tür. Mein chinesischer Arzt betritt den Raum, sagt leise, fast zärtlich "Hallo". Ich komme mir in meinem Outfit etwas merkwürdig vor und werde mit Sicherheit rot. "Legen hin!", sagt er schnarrend wie ein Befehl, und deutet auf die Liege. "Vorher ausziehen!", setzt er dann hinzu und fasst von hinten an mein Hemdchen. Artig ziehe ich das Teil aus und krabble umständlich auf die Liege.

AKUPUNKTURBEHANDLUNG

"Bauch legen!", befiehlt mein chinesischer Arzt. "Das geht nicht, es tut mir weh." Ich mache Zeichensprache dazu. Auf dem Bauch kann ich schon lange nicht mehr liegen. "Dann Seite!", kommt es schnarrend aus China. Seitenlage ist okay. Nur muss ich an meinem BH zupfen, da Stabilität in dieser Position fraglich wird. Mein Arzt bemerkt das. "Egal, so lassen!”, schnarrt er von seitwärts.

Mir ist mächtig heiß. Hinter mir höre ich ein Rascheln von Plastik. Vermutlich werden die Nadeln aus den eingeschweißten Folien genommen. Jede Nadel ist einzeln steril verpackt. Das habe ich mir vorhin angeschaut. Ich bemühe mich tief zu atmen, um wieder ganz in der Gegenwart zu landen. Es fällt mir schwer, denn ich liege ziemlich verkrampft. BH hin, BH her, sage ich mir. Ich bin hier in einer Klinik, soll doch rutschen was will! So kann ich mich gleich gemütlicher legen. Die Lage wird entspannter Jetzt werde ich es eine Weile aushalten können. Und was der Arzt zu sehen bekommt, ist nicht mein Problem. Er wird doch wohl eine gut proportionierte Oberweite kennen! Ich kannte Lung Sheng noch nicht. Der Raum hat etwas von einer Klosterzelle. Das Karge, die leicht sakrale Musik. Meine Gedanken wandern in eine andere Richtung. Es tut mir gut. Mein chinesischer Arzt hantiert leise im Hintergrund. Welcher Religion mag er angehören? Was bringt einen Menschen wohl dazu, Arzt zu werden? Traditionelle Chinesische Medizin, kurz TCM, es gibt sie hunderte von Jahren. Sie hat sich aus der ältesten bekannten kontinuierlichen Heiltradition der Erde entwickelt. Schon über 5000 Jahre beobachten und erforschen chinesische Heilkundige Gesundheit und Krankheit und die Möglichkeiten zur Gesundheitsvorsorge.

TCM beruht auf zwei Prinzipien: Einheit und Individualität. Einheit steht in der TCM für das harmonische Gleichgewicht von Körper, Geist, Seele und Umwelt. Dabei soll jedoch die eigene Individualität erhalten bleiben. Jede gesundheitliche Störung ist in der TCM eine individuelle Störung. Jeder Schmerz hat seine eigene Geschichte, seine eigene persönliche Ursache. In der westlichen Schulmedizin betrachtet man Symptome eher nicht als Zeichen und Ausdruck einer lange vorhandenen Störung des inneren Gleichgewichts. Man sucht die Ursache bei Immunstörungen, Viren, Bakterien, etc. und behandelt je nach Gegebenheit medikamentös, physikalisch oder chirurgisch. Krankheit im Sinne der westlichen Schulmedizin ist nach chinesischem Verständnis Ausdruck von bereits sehr ernster Befindlichkeitsstörung. Das Qi, die Lebensenergie ist im Ungleichgewicht. Qi bedeutet das Energiesystem, das in Energie-Leitbahnen auch durch unseren Körper fließt.

Eine wörtliche Übersetzung gibt es nicht. Im übertragenem Sinne ist es Lebenskraft an sich, universelle Energie, das wichtigste Element für alles, was mit Leben zusammenhängt. Eine Störung unseres Qi ist Ungleichgewicht in uns und nach außen. Dr. Yun hatte gesagt, dass mein Qi gestört sei. Qi-Stau und Blockaden im Meridiansystem. Akupunktur kann die Leitbahnen wieder frei werden lassen. Darum liege ich jetzt hier. Ich spüre Lung Sheng näher kommen, bin dankbar, dass er mir Zeit ließ. Vorsichtig tastet er an meinem äußeren linken Oberschenkel, seine andere Hand drückt leicht auf meinen Rücken. Vorsichtig und irgendwie sehr gekonnt sticht er eine Akupunkturnadel in die Stelle am Bein. "Wehtun?", fragt er behutsam. "Nein, gar nicht, es ist prima so!", antworte ich erleichtert. Es tat wirklich nicht weh. Nur ein kleiner Einstich. "Was ist 'prima'?", fragt er mich. "'Prima' heißt gut."

Er beugt sich über mich, lacht über sein ganzes Gesicht und sagt: "Dann noch viel prima Nadeln." Ich muss jetzt wirklich lachen. Irgendwie niedlich diese chinesische Kinderart. Lung Sheng setzt weitere Nadeln. Mein linkes äußeres Bein wird jetzt der Außenseite eines Igels ähneln. Also ein Igel, dem schon viele Stacheln fehlen. Falls Igel überhaupt schüttere "Haare" kriegen. An meinen Gedanken merke ich, wie erleichtert ich bin. Akupunktur tut nicht weh. Hatte ich schon gehört, aber das Misstrauen... Mein chinesischer Arzt macht sich jetzt an meinem Rücken zu schaffen. Setzt Nadeln links und rechts neben meine Wirbel im Bereich des Bandscheibenvorfalls.

Ich bewege mich leicht und merke Verbindungen zwischen den einzelnen Nadeln. Irgendwie toll! Eine völlig neue Art von Empfindung. So also sollen meine Energie-Leitbahnen wieder frei zum Fließen gebracht werden. Faszinierend! Aua! Da tut ein Einstich weh. Mein Arzt hatte eine Nadel am Bein ein bisschen bewegt. "Gut, wenn tut weh. Dann hilft." Er sagt es mit Zufriedenheit. Na schön, denke ich mir, wenn das alles ist. Das kann ich gut ertragen. Alle Nadeln sind gesetzt. Ich habe sie nicht gezählt. Es könnten vielleicht vierzehn sein. "Jetzt müssen ruhig liegen." Er hat seine Hand warm auf meine linke Schulter gelegt, sagt es fürsorglich liebevoll. "Sollen legen leichte Tuch über?", fragt er leise. Er beugt sich über mich, zeigt eine Art weißes Laken. "Müssen halbe Stunde liegen", setzt er noch hinzu. "Ja, bitte zudecken", stimme ich ein. Das ist ja wie damals in meinem Kinderbettchen, wenn Mama sanft die Decke zur Ruhe überlegte, zieht es mir durch die Sinne. Und er tut es auch genau so. "Bisse später..", sagt er weich, berührt noch mal leicht meine Schulter. Lautlos ist er verschwunden.

Es bleibt die Musik und ein angenehmer Duft. Welch schöne, fremde Atmosphäre. Ich bin restlos begeistert. Über Grenzen gehen ohne Angst. Das wär's! Die eigenen, inneren Mauern verschieben. Mein Gott, wie lange sind die schon errichtet? Die Berliner Mauer geht mir durch den Kopf. Wenn wir Menschen nicht mehr weiter wissen, ziehen wir Mauern. Außen und innen! Wie lange hat Deutschland gebraucht, diese Mauer zu Fall zu bringen! Und wie viel länger braucht wohl jeder Einzelne für seine vielen, vielen Barrieren? Eine solche als Schranke, Beschränkung zu erkennen ist ja schon hohe Kunst! Und erst die Abrissarbeiten... Da pflanzt mancher lieber Stiefmütterchen rauf, um sie wohnlicher zu gestalten.

China und seine jahrtausende alte Mauer fällt mir ein. Wie wenig ich davon weiß! Ganz leicht versuche ich mich zu bewegen. Holla! Das sollte ich lieber lassen. Eine merkwürdige Spannung macht sich augenblicklich bemerkbar. Die Nadeln unten am linken Fuß tun sogar weh. Mir bricht der Schweiß aus. Ich halte vor Schreck meinen Atem an. Etwas Kluges in mir empfiehlt ruhig und tief weiteratmen. Gleich geht es mir besser. Puh, das ging an die Grenze!

Da ich mir selbst gut zuhöre, frage ich mich voller Neugierde, um welche Grenze es sich wohl handeln mag. Vermutlich um die Grenze um China. In meiner Sozialisation kamen auch fremdenfeindliche Gedanken vor. Ich kenne kaum jemanden meiner Generation, bei dem das nicht so war. Angst vor Fremdem halte ich für normal. Nur schade, wenn man an der Schwelle stehen bleibt. Manchmal gibt es merkwürdige Zufälle. Durch die Wand höre ich eine laute Männerstimme. "Du schon lange in Deutschland?" Vermutlich gibt es eine leise chinesische Antwort. "Ihr machen gutes Happi-Happi!", brüllt die Stimme aus dem Nebenraum. Dann ist es leise. Vermutlich hat der Mann jetzt zwei Akupunkturnadeln in der Zunge! Ich kenne auch feindliche Gedanken gegenüber meinen Landsleuten. Über den vielen Gedanken schlafe ich ein. Lung Sheng weckt mich sanft. Er strahlt über sein ganzes Gesicht, sagt leise "Hallo, wie geht es Ihnen?" Ich teile mit, dass es mir gut ergangen ist. Er nimmt mir vorsichtig die leichte Umhüllung ab. "Ganze schöne Wetter", sagt er und zieht eine Nadel nach der andern raus. Ich spüre es kaum. Dann streicht er mehrfach über Rücken und linkes Bein. "Auf Rücken legen!", kommt der Befehl. Langsam krabble ich auf meine Rückseite, lasse die Beine aufgestellt. "Beine auch legen!", sagt er streng.

Ich sage, dass mir das weh tut. "Versuchen!", befiehlt er. Wie streng mein chinesischer Arzt sein kann! Ich versuche es artig und kann gar nicht mehr orten, ob es wirklich noch weh tut. Noch in meiner Bewegung, greift Lung Sheng vom Fuß her mein rechtes Bein, und fängt an, in einem irren Tempo, rauf und runter zu massieren! Er tut das so kräftig, dass mir die Spucke fehlt. Von unten nach oben, von oben nach unten, rundum und an den Waden. Irgendwie tut es weh und auch wieder nicht. Er ergreift das andere Bein, macht das gleiche. Ich spüre nur diese mich voll und ganz in Anspruch nehmende Massage. Was meine Bandscheibe dazu sagt, weiß ich nicht. Auf jeden Fall ist sie von dieser festen, schnellen Technik überrumpelt! Es ist wie ein berauschender Geschlechtsakt, wo auch manche Spuren bleiben, es aber wunderbar war. Lung Shengs Massagetechnik hat mich voll und ganz im Griff. Der Schweiß läuft ihm über Gesicht und Hals. Mir geht es auch nicht anders. Dann ist er fertig. Mit dem Tuch, das mir als Umhüllung diente, wischt er sich den Schweiß von Gesicht, Hals und Armen. Dann wirft er es mir hin. Ich bin tief beeindruckt. So was von fremdländisch. Überwältigend!

"Jetzt hinsetzen!" Er schiebt mir den kleinen Holzhocker hin. Mein Körper ist so durchgewirbelt, dass ich weder mein eingeschlafenes Bein, noch die sonst üblichen Schmerzen orten kann. Auf dem Hocker angekommen, gibt es den Befehl "oben ausziehen!" Artig fummle ich mir meinen schwarzen BH auf, und werfe ihn auf das zerknüllte Schweißtuch. Lung Sheng reibt mit breiten Händen eine streng asiatisch riechende Essenz meinen ganzen Rücken entlang. Ich sitze aufrecht, atme tief. "Ist gut tief atmen, machen wenig von Deutsche." Das sagt er und massiert jetzt kräftig. Wieder bin ich ganz Bewegung. Sein Schweiß tropft mir über meine Schultern die Vorderseite runter. Irgendwann ist die Massage beendet. Fest und langsam streichen seine Hände noch mehrfach über meinen Rücken. "Aufstehen und gehen!", sagt er außer Atem. Ich gehe umher, fühle mich sehr bewegt. Innen und außen. Mein chinesischer Arzt strahlt jetzt wie ein Junge, sagt "in Bette gehen und ausruhen. Eine Stunde bitte!" Wunderbar! Das mache ich jetzt auch gerne. "Bisse morgen." Das also ist chinesische Akupunktur mit Tuina Behandlung. Ich bin zutiefst beeindruckt.

VERDAUUNGSZEIT

Voller Behagen liege ich in meinem Zimmer auf der festen, neuen Matratze. Ich genieße die Farben des Raumes, die Ruhe und die schöne Aussicht. In meinem Informationsfach lag ein Zettel. Morgen zwischen sieben und acht Uhr soll ich zur Blutabnahme in das Labor kommen. Bis dahin habe ich keinen Termin, den ich einhalten muss. Mit meinem Tauchsieder werde ich mir einen Tee kochen können. Wie gut, dass ich vorgesorgt habe. Äpfel, Bananen und Kekse habe ich auch noch in meinem Korb.

Wenn ich mag, kann ich bis morgen früh im Zimmer bleiben und die vielen Eindrücke verdauen. Ob ich mal meine Bandscheibe frage, wie es ihr inzwischen geht? Augenblicklich merke ich Aufregung in mir. "Hallo, Kleine, hörst du mich?" Ich halte meine Augen geschlossen, versuche mir ein Bild von ihr zu machen. Im Geiste sehe ich das kleine Etwas mit vielen Stacheln Handstand machen. Es ist fröhlich und richtig ausgelassen! "Ich bin ein Igel!", ruft es lachend und zeigt mir stolz die Nadeln. Ich bin wirklich tief gerührt. So also geht meine Bandscheibe mit der Akupunktur um! Niedlich. Froh über meine blühende Phantasie schreibe ich meine Erlebnisse in mein Tagebuch. Ich bin so dankbar, bei mir selbst sein zu können. Früher hätte ich zum Telefon gegriffen, eine Freundin angerufen und meine Erlebnisse brühwarm erzählt. Inzwischen ist mir aufgefallen, dass nach so einem Telefonat all die Eindrücke weg oder halbiert sind.

Mitgeteilt hat. Von innen her verdauen lässt wach, erwachsen werden. Später erzählen ist okay. Meinen Freunden habe ich Bescheid gesagt, dass ich für einige Zeit in der "Versenkung" verschwinden werde. Dann brauchen sie nicht auf ein Lebenszeichen von mir zu warten oder sich nicht unnütz zu sorgen. Einige Menschen mögen es ja, wenn man sich Sorgen um sie macht. Darüber habe ich vor einiger Zeit, im Wartezimmer bei Dr. Stahlmann, ein Gespräch gehabt. Die Frau kam zur Nachsorge wegen ihrer Knieoperation. Sie erzählte mir, wie sehr sie von ihren Familienmitgliedern bedauert wurde.

Ihren Kindern ging es fast schlechter als ihr. Selbstbewusst mit Krankheit umzugehen, war ihr zuwider. Sie verglich Menschen, die über sich selbst nachdenken, mit Musikinstrumenten in einem Orchester, die dissonante Töne von sich geben. Ich überlege gerade, dass es doch eigentlich eher umgekehrt mit den Musikinstrumenten ist. Nie wird eine Gitarre Tasten gedrückt bekommen, und kein Klavier wird gezupft werden. Nur wenn ein Instrument so genutzt wird, wie es vom Erbauer vorgesehen ist, kann es sich zur vollen Schönheit entfalten und gemeinsam mit andern eine wohlklingende Melodie ertönen lassen. Ein Mensch muss sich doch über sich selbst bewusst sein, sonst kann er sich selbst nicht nutzen! Ich versuche mir ein "krankes" Musikinstrument vorzustellen, das sich keine Gedanken um sich selbst machen möchte. Vor meinem geistigen Auge erscheint eine Geige, der eine Saite fehlt. Das Orchester wartet auf ihren

Einsatz. Tapfer lässt sie den Bogen über die restlichen Saiten streichen. Alle anderen Instrumente heulen vor Rührung! Ich muss fürchterlich lachen. Aua, meine Bandscheibe tut weh! Was denke ich auch über anderer Leute Kinder nach. "Kümmere dich um dich selbst!" sage ich zu mir. Wenn ich wieder ganz gesund bin, kann ich auch wieder über andere nachdenken. Das ist es, was die Traditionelle Chinesische Medizin anstrebt. Den harmonischen Zusammenklang des individuellen Menschen in sich selbst, und demzufolge auch nach außen.

Beim Aufstehen merke ich, dass bei mir drinnen gar nichts harmonisch klingt. Mir tun sogar neue Regionen weh! Doch das hat Dr. Yun mir vorausgesagt. Meistens tut es nach den ersten Behandlungen zusätzlich an weiteren Stellen weh. Und die alte Schmerzstelle kann sich auch verschlimmern. Ähnlich wie durch die homöopathischen Kügelchen neulich. Klar, wenn man dem Schmerz auf den Grund gehen will, muss man ihn in der Tiefe freilegen. Noch mal anschauen, wo man vor langer Zeit tapfer runtergeschluckt hat, und dann angemessen verdauen. Tapfer runterschlucken verursacht bekanntlich Blockaden. Die nicht gelebte Wut oder Traurigkeit bleibt irgendwo hängen. Mir greift es immer ans Herz, wenn ich in der Schule beobachte, wie Kinder ihre Gefühle runterschlucken!

Sie bekommen von Mitschülern bodenlose Unverschämtheiten hingeschleudert und tun, als mache ihnen das gar nichts aus. Wenn es die Situation zulässt, mische ich mich manchmal ein, ermuntere die Kinder, eine

Gefühlsreaktion zu zeigen. Kleinere heulen dann öfter einfach eine Runde und sind wieder voll da. Größere meckern sich kräftig aus und haben wieder freien Fluss ihrer Energien. Selbstverständlich reden wir auch über die Hintergründe der Konflikte. Auch darüber, dass der liebe Gott uns die Möglichkeit uns zu wehren mitgegeben hat. Religion wird oft missverstanden. Viele denken, es müsse immer nur freundlich zugehen. Notfalls muss man aber alle Anteile von sich nutzen können. Auch die Seite in uns, die töten kann. Man denke nur an Sommerabende voller angriffslustiger Mücken!

Ein Instrument kann sich nur voll entfalten, wenn man alle Saiten oder Tasten nutzt. Ich mag die Geschichte in der Bibel, als Jesus richtig wütend ist. Er ging in den Tempel um zu beten. Dort waren Händler eingezogen, die Tauben verkauften. Auch Geldwechsler gab es dort. Er stieß die Tische und Stände um und trieb Händler und Käufer aus dem Tempel hinaus. Er sagte: "In der Schrift steht: ‘Der Tempel ist Gottes Haus, dort sollt ihr beten’. Ihr aber macht eine Räuberhöhle daraus." Jesus war nicht nur brav und freundlich! Er wusste, dass wir Orte der Ruhe und Stätten zur Verdauung brauchen. Ich bin mir sicher, dass jeder Mensch von Natur aus die Möglichkeit mitbekommen hat, alle seine Gefühle umgehend und angemessen ausleben zu können. Wer von seinen inneren Möglichkeiten abweicht, baut Blockaden auf.

"Viel trinken, um Blockaden wegzuschwemmen, ist immer gut!" sage ich laut vor mich hin, und suche mir meinen kleinen Tauchsieder raus. "Was hältst du von einem warmen Tee?", frage ich meine Bandscheibe, und stelle mir vor, wie sie mir einen bunten Trinkbecher hinhält. Meine Taschen habe ich auch noch nicht ausgepackt. Wie wenig ich nur mitgenommen habe.

Vor Jahren war ich das erste Mal in einem Kloster. Die Einfachheit und das Wenige, mit dem Menschen leben können, beeindruckte mich tief. Etwas später habe ich mich von vielen überflüssigen Dingen trennen können. Im Fernsehen sah ich mal eine Sendung über "Messies". Das sind Menschen, die sich nicht von ihren Sachen trennen können. Das Wort "mess" kommt aus dem Englischen und heißt Verwirrung, Unordnung. Unglaubliche Berge von angesammeltem Zeug lagen da herum. Und inmitten dieser unbewältigten Dinge lebten diese Leute. Mich hat das traurig gemacht. Irgendwie ist fast jeder an irgendeiner Ecke ein bisschen "Messy". Die liegen gebliebene Post, nicht gelesene Zeitungen, halbfertige Diplomarbeiten, ungeputzte Fenster, unaufgeräumte Schrankfächer, Schubladen, Keller. Man bräuchte Zeit, jedes Ding noch mal in die Hand zu nehmen, seine Geschichte erzählen zu lassen, um sich dann angemessen zu verabschieden oder weitermachen zu können. Wenn keine Zeit zum Verdauen ist, sammeln sich Fettpolster, Staubpolster, Geldpolster. Viele alte Menschen hinterlassen so unglaublich große Mengen Geld. Sie haben sich selbst nie "was gegönnt". Und manche Erben verprassen das "Gesparte" dann völlig sinnlos! Früher hat man gelehrt, Leben ist "Pflicht". Auch falsch verstandene Religion hat an diesem Unsinn ihren Anteil! Klar, wenn noch Überlebenskampf angesagt ist, hat man wirklich keine Zeit, über sich selbst nachzudenken. Doch heutzutage, in unseren zivilisierten Regionen, hat man Möglichkeiten zu sich selbst zukommen.

Unzählige Bücher wurden zur Erlangung eines besseren Selbstbewusstseins geschrieben, Fernsehsendungen erzählen von Zusammenhängen zwischen Körper und Seele, berichten über Krankheiten, die durch eine unpassende Haltung zum Leben entstehen. Über den wichtigen Stellenwert von Pausen und Ruhezeiten stehen Artikel in den Broschüren der Krankenkassen. Im dritten Gebot steht das seit Hunderten von Jahren: "Du sollst den Feiertag heiligen!" Das heißt doch, mach' mal Pause und verdaue, was zu verdauen ist. Jedenfalls bringe ich das so meinen Schülern bei! Inzwischen habe ich mir einen Tee gemacht und sitze auf meinem kleinen Balkon. Mein Nachbar ist in seinem Zimmer, durch das Balkonfenster dringt ein Fernsehprogramm. Bevor ich anfange mich zu ärgern, werde ich gleich zu ihm gehen. Ich klopfe an seine Tür. Es dauert eine Ewigkeit bis er öffnet. "Entschuldigen Sie bitte, dass ich noch mal komme.. ." Er unterbricht mich. "Bin i wieder zu laut, Maderl?" Erleichtert sage ich "Ja" und strahle ihn an. "Ein schönes Lächeln hast'." Er beugt sich vor, tätschelt meine Wange. "Willst' reinkommen?" Ich sage "Nein". Er möge nur bitte seinen Fernseher etwas leiser stellen. "Ist schon recht", sagt er und schließt die Tür. Ich gehe wieder in mein Zimmer, bin froh, sofort gehandelt zu haben. Es ist jetzt wirklich viel ruhiger. "Maderl" hat er zu mir gesagt. Ich kichere vor mich hin. So was habe ich schon lange nicht mehr gehört! In bester Laune fange ich an meine Taschen auszupacken Das muss ich wirklich sehr langsam tun, denn irgendwie tut mir mein ganzer Körper weh. Ob der Muskelkater von der Tuina-Behandlung ist?

Ich mag jetzt nicht mehr über mich und über das "Woher" und "Warum" nachdenken. Mir ist nach Ablenkung zumute. Wenn ich ausgepackt habe, werde ich doch zum Abendessen in den Speisesaal gehen. Dazu werde ich meine alten Lieblingshosen anziehen. Sie sind weiß und haben einige kleine Rostflecke. Eine liebe Erinnerung an eine Sommernacht auf einem warmen Blechdach in Frankreich. Ich trage diese alten Jeans gerne hochgekrempelt. Au ja, und dazu ziehe ich meinen alten, gemütlichen Schlabberpulli an. In legerer Kleidung fühle ich mich immer am wohlsten. Eigentlich geht es mir doch richtig gut. Ich beschließe, heute nicht mehr über Ernsthaftes nachzudenken, sondern diese schöne Klinik in vollen Zügen zu genießen. "Bist du einverstanden?", frage ich meine Bandscheibe. Vor meinem geistigen Auge erscheint die Kleine in Jeans und Schlabberpulli, Tee schlürfend. Sie sieht aus wie ein fröhlicher Igel aus einem Kinderbilderbuch.

ALLTAG IN DER KLINIK

Hungrig und mit viel Lust auf neue Eindrücke, mache ich mich auf den Weg zum Speisesaal. Weil ich mich doch ziemlich behindert fühle, nehme ich den Fahrstuhl. Er ist rappelvoll. Viele scheinen sich gut zu kennen, machen Späßchen über ihre Krücken, schäkern miteinander. Mir fällt auf, dass fast alle gut gekleidet sind. Auch Dieter, Mona und Angelika sind sehr ordentlich angezogen. "Hast ja fesche Hosen an!" Mona aus München sagt das zweideutig. Angelika aus Hamburg ist gut frisiert und ihr vieler Schmuck sitzt perfekt. Dieter aus Thüringen hat Gel in den Haaren und ein dunkelgrünes Sakko an. Sie sind beim Salat essen und offensichtlich schon eine Weile beieinander. Mona trägt ein Kleid. Ich begrüße die drei und wünsche Ihnen einen guten Appetit. Zu der Bemerkung über meine Hosen sage ich nichts. Es gibt hier keine festen Essenszeiten, sondern immer eine Zeitspanne, in der das Essen eingenommen werden kann. So was finde ich richtig gut. Man hat mehr Freiheit dadurch. Angelika möchte wissen, welchen Arzt ich habe und Mona fragt, wie es bei den Chinesen war. Ich hole mir erst mal einen Teller Salat vom Buffet. Dieter meint, die Suppe sei sehr lecker, ich solle sie unbedingt kosten. "Suppe macht dick!", sagt Angelika, und Dieter sagt, dann solle sie mal welche essen, damit was aus ihr würde.

Wir lachen. Ich erzähle ein wenig von meinen Arztbesuchen, behalte aber das meiste für mich. Dieter geht es gar nicht gut, sein Klinikaufenthalt geht bald dem

Ende zu. Er fühlt sich krank wie eh und je. Ich frage, was er beruflich macht. Angelika stupst mir von rechts in die Seite: "So was fragt man nicht, Deern!" Dieter antwortet: "Reisebusfahrer". "Das ist ja ein toller Job!", rufe ich aus. Als junges Mädel habe ich Tage und Nächte an der Seite eben solcher verbracht. Sie steuerten gekonnt den Bus, ich saß mit dem Mikrophon in der Hand daneben. Immer einen Witz oder eine Erklärung parat. Unsere Fahrgäste wollten unterhalten werden. Ich teile Dieter das mit. Wir plaudern wie alte Kollegen. "Hast aber auch nichts anbrennen lassen, was?", sagt Angelika, als Dieter gegangen ist. Ich frage sie, weshalb man nicht nach dem Beruf fragen sollte. "Na, der wollte doch gar nichts sagen", bemerkt sie. Ich finde, dass er sich dafür aber äußerst lange und angeregt mit mir unterhalten hat. Mona grinst, sagt: "Du bist halt anders als wir." Sie sagt es freundlich und akzeptierend. Das Hauptgericht wird serviert. Wir konnten aus drei Möglichkeiten auswählen. Immer ist auch ein vegetarisches Essen dabei. Ich habe mir Mandelreis mit Putenschnitzel ausgesucht. Es schmeckt mir ausgezeichnet. Dieter hat Schweinebraten mit Sauerkraut gegessen.

"Dieter hat nicht gegessen, er hat's gefressen!", sagt Mona und schüttelt sich. Angelika meint, er hatte es halt eilig, weil er noch einen Behandlungstermin einhalten musste. Das ist wirklich so. Manche Anwendungen sind auch in der Essenszeit. Da muss man dann eben mal ein bisschen schneller futtern. Wir drei Weibsen plaudern noch über allerlei unwichtiges Zeug, was wunderbar entspannend ist. Dann gehe ich in mein Zimmer zurück. Mona und Angelika haben sich in die Klinikbaude zurückgezogen. Ich werde mir einen gemütlichen Fernsehabend machen. Mir tut zwar immer noch so ziemlich alles weh und mein Bein ist tauber denn je, aber ich habe das Gefühl auf einer tollen Reise zu sein. Auf der Recamiere liegt es sich gemütlich, im Fernsehen läuft eine Serie. Gott, ist das wunderbar! Irgendwann gehe ich schlafen, stelle meinen Wecker, um den Blutabnahmetermin nicht zu verschlafen. In der Nacht wache ich ab und zu vor Schmerzen auf. Dann lege ich mich anders hin und schlafe bestmöglich weiter. Früh am Morgen weckt mich der Wecker. Langsam krabble ich aus dem Bett. Trotz meiner Schmerzen habe ich gute Laune. Ich bin am, für mich, richtigen Ort. Das Rapsfeld leuchtet wunderbar, ich öffne mein Fenster, atme zufrieden den Duft ein. Es ist noch alles ruhig, die Sonne lacht, Vögel zwitschern ihre Lieder. "Bist du mit meinen Entscheidungen einverstanden?", frage ich meine Bandscheibe. Im Geiste sehe ich das Kleine, immer noch als Igel, lässig einen Apfel schmatzend, nicken. Dann ist ja alles gut! Einen Apfel würde ich jetzt gerne essen. Mir ist morgens immer nach etwas Saurem zumute. Doch vor der Blutabnahme ist das nicht angesagt. "Was zu futtern gibt's ein bisschen später", sage ich mir freundlich.

Das Frühstück werden wir genießen! Wenn ich mit meinen Gefühlen rede, sage ich immer "wir". Also ich da außen, und die da drinnen. Neugierig auf das Labor, mache ich mich auf den Weg. Viele Leute sitzen davor und warten. Die meisten erzählen von ihren Krankheiten. Ich setze mich dazu und lausche, ob hier vielleicht auch jemand die Sache mit Abenteuerlust betrachtet. Was ich zu hören bekomme, klingt eher nach Anklage. Das Leben ist schuld oder die Ärzte haben einiges verkehrt gemacht. Man erzählt sich gegenseitig, was nicht in Ordnung ist. Keiner spricht von dem, was schön ist. Einem nach dem andern wird Blut abgezapft. Es geht schnell und ist gut organisiert. Meine Vene wird gleich getroffen, was mich freut. Ich gehöre zu den Menschen mit schmalen Blutbahnen, ein Erbe meiner Vorfahren. Manchmal versuche ich mir die alle vorzustellen. Eine lange, lange Reihe von Menschen. Ob da auch welche mit rausgehüpften Bandscheiben bei waren? Bestimmt. Wie die wohl damit umgegangen sind? Ich versuche mir eine Feldarbeiterin um 1550 vorzustellen, eine Vorfahrin von mir. Ein merkwürdig trauriges Gefühl durchzieht meine Seele. Irgendwie leben Teile unserer Ahnen doch in uns weiter. In unseren Genen dürften auch Spuren ihres Lebens mitfließen und wollen vielleicht von uns erlöst werden? Für solche Gedanken hatte die Feldarbeiterin um das Jahr 1550 sicherlich keine Zeit. Mein Gott, ist das ein Luxus, Raum für derartige Überlegungen zu haben! Inzwischen bin ich im Speisesaal angelangt und hole mir Frühstück vom Buffet. Meine Tischnachbarn haben schon gegessen, ich sehe es an den benutzten Tellern. Das Dinkelbrot fällt mir ein.

Nachher habe ich einen Arzttermin bei Dr. Weißkopf, da werde ich es ansprechen. Wie würde die Feldarbeiterin von damals mein Ansinnen finden? Sicher war sie froh, überhaupt ein Brot zu bekommen. Doch solche Vergleiche bringen gar nichts! Jede Zeit hat ihre Gesetzmäßigkeiten, ihre Vor- und Nachteile. Leben findet in der Gegenwart statt. Mit den Anteilen, die ich aus der Vergangenheit mitbringe. Wenn ich die ignoriere, kann ich nicht vernünftig leben. Ich muss wissen, was mir für reale Möglichkeiten zur Verfügung stehen. Und darum sollte ich mich in meinem eigenen Körper auskennen. Und dazu gehören die sichtbaren und unsichtbaren Anteile. Ein unsichtbarer Anteil ist meine lebendige Phantasie. Würde ich sie nicht nutzen, müsste sie sich autonom Wege zur Durchsetzung suchen. Vielleicht wird man auf diese Art und Weise verrückt, entwickelt Wahnvorstellungen?

Kinder, die ihre angeborenen Talente nicht entfalten können, werden entweder apathisch oder stören genau mit dieser Begabung die anderen. In der Schule hatten wir ein Mädchen, das die irrsten Lügengeschichten verbreitete. Ein Schulpsychologe half ihr, die Phantasie sinnvoll zu kanalisieren. Sie schreibt inzwischen hervorragende Geschichten für die Schülerzeitung. Das Müsli, das ich mir zusammengestellt habe, schmeckt wunderbar. Trotzdem habe ich Appetit auf Dinkelbrot. Die Klinik wird mir etwas vertrauter, ich finde den Weg zu meinem Arzttermin ohne mich zu verlaufen. Dr. Weißkopf empfängt mich freundlich, fragt, wie es mir ergangen ist. Ich erzähle von der Akupunktur, den Schmerzen, die wohl etwas heftiger geworden sind und dass ich gut geschlafen habe. Auch er bestätigt, dass eine Erstverschlimmerung

der Symptome folgerichtig ist. "Können S' schwimmen?" fragt er mich. Natürlich kann ich das! Er sagt, ich solle mich glücklich schätzen, es gäbe viele erwachsene Nichtschwimmer. "Geh, schwimmen's dann viel hier." Das werde ich sehr gerne tun. Ich frage ihn, was er vom Rad fahren hält. "Wenn's Radlfahren für Sie gut ist, hab' i nichts dagegen!" Dann teilt er mir mit, dass mir bereits eine Woche Verlängerung zugesichert wurde. Er hätte mit dem chinesischen Chefarzt gesprochen. "Sie brauchen eine Zeit, dann wird's schon wieder werden!" Ich fühle mich so gut verstanden, dass ich am liebsten in die Luft springen würde!

Mutig frage ich nach einem Rezept für Dinkelbrot. Ich erzähle von der Blutgruppendiät, nach der ich lebe. Dr. Weißkopf kennt das Buch. Seine Frau lebt auch danach. Lächelnd schreibt er mir das gewünschte Rezept. "Kann i sonst noch was für Sie tun?" Er reicht mir das Papier. Es ist ein Formular für spezielle Diäten. "Täglich Dinkelbrot zu den Mahlzeiten" hat er aufgeschrieben! Ich bedanke mich herzlich. Er steht auf, begleitet mich zur Tür. "Schwimmen S', fahren S' Rad, und gehen S' in die Therme!" Er reicht mir äußerst freundlich seine Hand. Überglücklich gehe ich in mein Zimmer und ruhe mich etwas aus. "Was sagst du dazu?" frage ich meine Bandscheibe. Im Geiste sehe ich einen kleinen Igel in Badehose Handstand machen. Lieber Gott, bin ich froh, hier gelandet zu sein! Nach einer angemessenen Verdauungszeit, gehe ich in den Küchenbereich, um der Hauswirtschaftsleiterin mein Rezept zu geben. Sie ist irritiert, aber freundlich. "Heute ist das aber nicht mehr möglich, ich muss das erst organisieren." Ich sage ihr, dass ich das selbstverständlich verstehe und verabschiede mich freundlich. Gut gelaunt beschließe ich, mich nach einem Fahrrad umzusehen. Entspannung muss organisiert werden. Das Gehen fällt mir noch schwerer als vorhin. Ein bisschen Angst beschleicht mich. "Es ist zu schön, um wahr zu sein...", nur nicht in solche oder ähnliche Gedanken kommen!

"Du darfst es schön haben! ", sage ich so laut vor mich hin, dass ein vorübereilender Pfleger irritiert zu mir hersieht. Ich merke, dass ich rot werde. Er geht weiter. Schrittchen für Schrittchen arbeite ich mich zur Rezeption vor. Es gibt mehrere Möglichkeiten ein Fahrrad zu mieten. Ich entscheide mich für einen Verleih außerhalb der Klinik. Auf dem Weg dorthin beschleicht mich Panik. Nach jedem dritten Schritt muss ich stehen bleiben, tief atmen. Ab der linken Hüfte bis zum Fuß ist es eingeschlafen und an einigen Stellen tut es ziemlich weh. Trotzdem schaffe ich es zu dem Fahrradverleih. Ich entscheide mich für ein gemütliches, altes Hollandrad mit einem breiten Ledersattel. Es ist sogar recht preiswert! Auf dem Fahrrad geht es mir gleich besser. Genau wie zu Hause.

Die gebeugte Haltung ist Balsam für meine rausgehüpfte Bandscheibe. Sie hat Luft zum atmen, wird nicht eingeklemmt. Ich fahre durch einige Rapsfelder. Ein Traum an üppiger Natur lässt grüßen. Langsam fühle ich mich wieder wohl er. Lieber Gott, ist das Rad fahren und die wunderbare Gegend entspannend! In mir drin räkelt sich ein zufriedener, kleiner Igel.

ZEIT ZUR ENTSPANNUNG

Die Gegend rund um Bad Wunderbar ist zauberhaft. Satte Wiesen, fette Kühe, kleine Seen, Bauernhöfe mit allerlei Getier und kleine Kirchen, die sogar geöffnet sind. Ich sitze in eben solcher einer und schreibe meine Eindrücke in das Tagebuch, das ich immer dabei habe. Das hilft mir, meine vielen Eindrücke zu sortieren und richtig einzuordnen. Mein Fahrrad steht an dem Zaun des kleinen Kirchhofs angelehnt. Es ist ganz ruhig hier.

Auf dem Altar stehen frische Blumen, der Mai lässt grüßen. Ich unterhalte mich auch ein bisschen mit dem lieben Gott, sage "Danke" für so viel Gutes. Dann radle ich in die Klinik zurück und schaffe es gerade noch ein Mittagessen zu bekommen. Der Speisesaal ist fast leer. Heute werde ich noch in das Thermalbad gehen. Ich freue mich darauf. Doch erst wird ausgeruht und verdaut. Danach habe ich meinen zweiten Termin zur Akupunktur. Auf dem Weg in mein Zimmer treffe ich Angelika aus Hamburg. "Na, Deern?" ruft sie schon von weitem und winkt mit beiden Armen. Sie hat einen eleganten, weißen Bademantel an, der an der Seitenborte mit Gold verziert ist. "Wir gehen in die Therme, komm mit!", sagt sie und strahlt über das ganze Gesicht. Ich sage, dass ich jetzt leider nicht kann, weil ich den Termin bei den Chinesen habe. Angelika zieht sich mit ihren Händen Schlitzaugen und lacht noch mehr. Irgendwie gefallen mir diese Frauen, die so anders sind als ich. Das "du" geht mir inzwischen selbstverständlich von den Lippen. In mei-

nem Zimmer mache ich es mir auf der Recamiere gemütlich. In Rückenlage schmerzt meine Bandscheibe heftig. Vorsichtig stehe ich auf, frage die Kleine, was sie gerne möchte. Ein Igel mit zerdrückten Stacheln schaut mich hilflos an. Traurige Gefühle durchziehen mich. Ich lege mich seitwärts auf mein Bett und muss weinen. Danach fühle ich mich erheblich wohler. Im Geiste ordne ich die Stacheln des kleinen Igels und gebe ihm etwas Milch zum Schlabbern. Dann falle ich in einen tiefen Schlaf.

Ich träume von meiner Kinderzeit, als mein Vater und ich manchmal auf den Stufen unseres kleinen Gartenhauses saßen und einem Igel ein Schälchen Milch servierten. Ohne geweckt zu werden, wache ich genau zur rechten Zeit auf. Ich fühle mich erfrischt aber nachdenklich. Mein Traum und der viel zu frühe Tod meines Vaters bewegen mich im Innern. Langsam gehe ich zum Akupunkturbereich der chinesischen Klinik. Heute werde ich von einer Helferin in ein anderes Behandlungszimmer geleitet. Ich solle mich schon entkleiden, mein Arzt käme gleich. Die Liege sieht komfortabler aus als die von gestern. Über allem die wunderbare asiatische Musik. Wie lautlos erscheint mein chinesischer Arzt. Wieder das leise, liebevolle "Hallo". Dann: "Liege hier besser. Können liegen auf Bauch." Er stellt die Liege so ein, dass ich über einem Winkel hängend bequem auf dem Bauch liegen kann. Sehr gute Technik! Trotzdem drückt es mich am Busen.

Ich brauche noch etwas Weiches zur Unterstützung. Wie gesagt, Entspannung muss organisiert werden. Lung

Sheng erweist sich als sehr geduldig. Er reicht mir ein weiches Kissen, wartet bis ich irgendwann ruhig bin. Dann fragt er: "Wie geht es Ihnen?" Ich berichte von meiner Erstverschlimmerung, und frage mich, ob er das überhaupt versteht. Sein Deutsch ist wirklich nicht berauschend, aber es klingt echt witzig! Er hat von meiner Antwort wirklich nichts verstanden, denn er entgegnet: "Schön, dasse gut geht." Die erste Nadel sticht er wieder in den Oberschenkel. Die anderen scheinen in der gleichen Reihenfolge wie gestern angelegt zu sein. Das linke Bein runter bis zum Fuß, rechts und links je eine neben meinem Bandscheibenvorfall und noch zwei Nadeln im oberen Bereich des Rückens. Wieder deckt er mich liebevoll zu und wünscht "gut schlafen, bisse nachher!" Dann verschwindet er lautlos. Heute bin ich etwas mutiger und versuche auszutesten, wie weit ich mich bewegen kann. Wieder entsteht diese merkwürdige energetische Spannung. An meinem Fuß tut es sogar weh. Ich versuche rauszukriegen, welche Liegeposition mir angenehmer ist, die von gestern oder die von heute. Mit diesen Gedanken schlafe ich ein.

Lung Sheng weckt mich. Ganz leise steht er neben mir, sagt "Hallo, aufwachen". "Ich habe geschlafen", sage ich überflüssigerweise. "Jetzt nehmen raus Nadeln, vielleicht tun weh", gibt er von sich. Er fängt an die erste zu drehen. "Aua!" rufe ich laut. Er lacht, zieht sie raus. "Ist gut für Heilen!", sagt er. Die meisten Nadeln zieht er einfach raus, bei anderen dreht er etwas herum. Manche Stellen geben dann Schmerzen ab. Vielleicht ist das auch so ein "Abschmerzen" nicht bewältigter Dinge? Fleischgewordene Seelenschmerzen von anno irgendwann. Ich würde gerne nachfragen. Doch mein chinesischer Arzt wäre mit dieser Frage überfordert. Vermutlich ist alles genau so in tiefster Ordnung. Ich habe Zeit, um eigene Antworten zu finden. Er stellt die Liege in eine horizontale Position, lässt mich auf dem Rücken Platz nehmen, was merkwürdigerweise jetzt nicht weh tut. Dann beginnt er mit seiner Tuina-Übung. Heute geht er viel sachter mit mir um. Auch als ich anschließend auf dem Hocker Platz nehme. Er bearbeitet meine Schultern und Arme. Die Methode ist anders als eine gewöhnliche Massagetechnik.

Am Ellenbogen und am Handgelenk drückt er gezielt bestimmte Stellen. Ein Gefühl, ähnlich der Reizung des sogenannten "Musikantenknochens", wird ausgelöst. Ich quieke leise vor mich hin, Lung Sheng lacht laut. Zum Abschied gibt er mir warm seine Hand, "Bisse morgen!" Ich gehe in mein Zimmer zurück und verbringe dort die angeordnete Stunde Ruhezeit. Dann studiere ich sämtliche Unterlagen, Anweisungen und Regeln der Klinik. Morgen habe ich einen ersten Fußreflexzonenmassage-Termin und später eine Naturfangopackung. Super, ich freue mich darauf. Jetzt packe ich meine Sachen zum Besuch des Thermalbades zusammen und ziehe meinen einfachen, dunkelgrünen Frotte- Bademantel an. Auf dem Weg zum Bad werde ich von einigen Herren abtaxiert. Es ist nicht zu übersehen. Himmel, das habe ich, so gehäuft, lange nicht erlebt! Manche Blicke wirken sehr hungrig.

Der Bereich der Therme ist Spitzenklasse. Ich gehe unter die Dusche, suche mir eine freie Liege und ab in das warme Wasser. Im unteren Rücken zieht es erst mal gewaltig. Trotzdem tut die Wärme gut. Ganz langsam gehe ich in dem Wasser umher. In so einer Therme schwimmt man nicht, das habe ich vorhin gelesen. Das Schwimmbad ist ein Stückchen weiter. Viele Menschen spazieren im Wasser umher. Einige stehen angelehnt an den Seiten oder sitzen auf Kachelbänken unterhalb des Wasserspiegels.

Es gibt auch eine Art Springbrunnen, der zur Unterwassermassage genutzt wird. Mir fällt auf, wie viele Männer an der Lendenwirbelsäule frische Narben haben. Bei den Frauen kann ich es nicht sehen, alle tragen Badeanzüge. Auch in der Therme taxierende Blicke. Die meisten Menschen möchten auch hier nicht allein sein. Ein Mann mittleren Alters spricht mich an. Ob ich neu sei. Ja, ich sei frisch eingetroffen, antworte ich. Wir beginnen ein Gespräch. Auch er hat einen Bandscheibenvorfall und will sich nicht operieren lassen. Eine chinesische Behandlung ist ihm suspekt. Über deutsche Ärzte mekkert er, die hätten alle keine Ahnung. Er nimmt starke Schmerzmittel und wirkt total verspannt. Die Therapie in dieser Klinik besteht für ihn aus Massage, ganz normaler Bewegungstherapie und Thermalbaden. Abends geht er zum Tanzen. "Mit einem Bierchen spürt man weniger Schmerz." Er grinst dazu wie meine Schüler, wenn sie mir ihre Streiche erzählen. An Radfahren und Schwimmen hat er noch nie gedacht. Ich empfehle ihm sehr, Rad zu fahren. Er lächelt, als böte man ihm das Spielen mit einem Teddy an. Ich erzähle von meinen Erfahrungen. Er hört sehr aufmerksam und nachdenklich zu. "Sie sind aber auch alles andere als die Norm!" äußert er sich, nicht ohne Anerkennung in der Stimme. Er hat einen verantwortungsvollen Job in der freien Wirtschaft, und ist in dem Alter, in dem man durch Jüngere ausgetauscht wird.

Der Herr aus Freiburg ist nicht zu stoppen. Nach einer Weile leite ich, mit viel Anstrengung, das Ende der Unterhaltung ein. Ich merke bei mir Verspannungen im ganzen Körper und finde das gar nicht witzig. Er will mich für den Abend zu einem guten Essen in ein örtliches Restaurant einladen. Ich benutze eine Notlüge. Mein Lebenspartner käme bald hierher, er sei sehr eifersüchtig. Mein Gesprächspartner versteht. Durch diese Flunkerei kommt mir Georg in den Sinn. Ich ziehe weiter meiner Wasserwege und denke darüber nach, wie es werden wird, wenn er da ist. Wird es Anspannung, wird es Entspannung? Keine Gedanken an morgen, sage ich mir fröhlich und spreche mir im Geiste einen Bibeltext aus dem Alten Testament vor: "Ein jegliches hat seine Zeit, und alles Vornehmen unter dem Himmel hat seine Stunde. Geboren werden und sterben, pflanzen und ausrotten, was gepflanzt ist, würgen und heilen, brechen und bauen, weinen und lachen, klagen und tanzen, Steine zerstreuen und Steine sammeln, herzen und ferne sein von Herzen, suchen und verlieren, behalten und wegwerfen, zerreißen und zunähen, schweigen und reden, lieben und hassen, Streit und Friede hat seine Zeit. "Und ich bin hier in der

Entspannungszeit und gedenke das auch zu bleiben. Da hinten ist das Schwimmbad. Ich verlasse die Thermalanlage und wechsle in dieses Becken. Wohltemperiert das Wasser, und es sind Bahnen für Rückenschwimmer abgeteilt. Super!

Meine Bandscheibe duldet nur das Rückenschwimmen. Gemütlich plätschere ich durch die Bahnen. Hier gibt es keine sportlichen Höchstleistungen. Alle paddeln gemächlich in den Fluten. Nach einer Weile begebe ich mich auf meine schöne Liege, ruhe aus, beobachte die Menschen. Wer hier wohl zur Akupunktur geht, und wer nicht? Manche Leute machen in dieser Anlage auch eine ganz normale Kur über ihren Versicherungsträger oder bezahlen die Anwendungen und Behandlungen ganz aus eigener Tasche. Es gibt auch eine klassische Krankenhausabteilung mit Einzel- oder Mehrbettzimmern. Da würde ich landen, wenn es allein nicht mehr zu schaffen ist. So kann ich ganz beruhigt meinen Experimenten und dem Abenteuer Leben nachgehen. Im Fall der Fälle würde ich "aufgefangen" werden. Mein Blick fällt auf die Narbe eines Mannes, Adele fällt mir ein. "Wir werden nicht im Mehrbettzimmer der Krankenhausabteilung landen! ", verspreche ich dem kleinen Igel in mir und habe das Gefühl, dass das kleine Wesen spürbar aufatmet.

OBEN UND UNTEN IN BAD WUNDERBAR

Am nächsten Morgen lerne ich meine Behandlerin für die Fußreflexzonenmassage kennen. Sie ist eine freundliche junge Frau, die gekonnt bestimmte Punkte an meinen Fußsohlen drückt. Manche Stellen schmerzen sehr. Ich weiß, dass der Schmerz die Stellen widerspiegelt, an denen meine Energiestaus sitzen. Der Bereich, der meine Lendenwirbelsäule bedeutet, tut besonders weh. Behutsam drückt die junge Frau weiter und fragt mich, ob ich das noch aushalten kann. Ich atme tief und gleichmäßig und versuche, mich nicht zu verkrampfen. Nur so kann ich freie Bahnen in mir schaffen.

Wenn man einen Wildbach von seinen kleinen Biberstaudämmen befreit, drückt man den Fluss ja auch nicht zusammen. Man schaut, dass er überall frei fließen kann. Diese Behandlung bekommt mir ausgesprochen gut. Ich fühle Erleichterung in meinem Körper. Aber auch Traurigkeit steigt aus der Tiefe auf. Wieder wandern meine Gedanken in die Kindheit und holen Bilder längst vergangener Zeiten hoch. Bloß nicht wegschieben, sage ich mir. Abschmerzen, Abtrauern von unerledigten "Altlasten" ist dringend notwendig. Ich gehe in mein Zimmer, lege mich auf die Recamiere und lasse die Gefühle fließen, wie sie kommen. Irgendwann schlafe ich ein. Beim Aufwachen weiß ich, dass ich von meiner Kinderzeit geträumt habe und offensichtlich den Tod meiner kleinen Katze "Mauz" nochmal betrauert habe. Das Kissen der Recamiere ist vollgeheult. Etwas benommen im Kopf mache ich mich auf den Weg zum Frühstück. Mona, Dieter und Angelika haben schon gegessen. Ihre Teller sind benutzt. Ich bin auch spät dran. An meinem Platz steht ein Teller mit vier Scheiben frischem Dinkelbrot! Jetzt könnte ich vor Freude heulen. Tiefe Dankbarkeit durchzieht mich, dass ich inzwischen gelernt habe, gut für mich selbst zu sorgen. Wie abhängig ist man in der Kindheit von der Meinung anderer Menschen! Man lernt zum Beispiel, sich zusammenzunehmen. Und später muss dann eine Krankenversicherung die nachträgliche Abschmerzzeit finanzieren! Manchmal finde ich unsere Welt ganz schön verrückt. Gestern, beim Abendbrot, fanden Angelika und Mona mich verrückt. Sie hatten entdeckt, dass es im Ort Tanzcafes gibt. Ich solle unbedingt mitgehen. Nun bin ich ja wirklich gehbehindert, und ich möchte die Freiheit, die diese Klinik bietet, auch nicht missbrauchen, sondern gebrauchen. Mona schüttelte nur bekümmert ihren Kopf, und Angelika sagte: "Deern, du hast an deinem Unglück selbst Schuld!" Ich fragte, wovon sie spräche. "Das ist doch verrückt, wie du mit dir umgehst!" antwortete sie mir. "Welches Unglück meinst du denn?" habe ich gefragt. Eine Antwort darauf ist nicht gekommen.

Wir haben das Thema gewechselt und von der schönen Thermalanlage geschwärmt. Heute Vormittag habe ich noch meine erste Naturfangopackung. Es dauert ein bisschen, bis ich den Bereich dafür finde. Er ist im

Untergeschoss der Klinik. Es ist wirklich sehr weitläufig hier! Ich werde mit fettem, heißen Fango eingeschmaddert und in eine Decke gerollt. Ein wenig Schwierigkeiten macht es, der jungen Dame zu erklären, dass ich nur auf der Seite liegen kann. Irgendwie beleidigt zieht sie von dannen. Dann darf ich eine halbe Stunde schmoren. Köstlich das Ganze! Und trotzdem merke ich eine traurige Stimmung. Immer muss man um alles kämpfen! Wenn man es nicht tut, wird man krank; wenn man es tut, wird man als verrückt eingestuft! Da einen Mittelweg zu finden, ist ziemlich schwer. Eine andere Frau kommt mich auspacken. Fröhlich sagt sie: "Na, haben Sie es am Rücken?"

Erleichtert erzähle ich ihr, was ich für Beschwerden habe, und wie ich vorhin auf Unverständnis stieß. "Manche Kolleginnen sind überfordert. Wir müssen zur Zeit die arbeitsunfähigen Leute mit vertreten. Machen Sie sich keine Sorgen, nicht alle sind so unfreundlich." Tief erleichtert gebe ich der netten Frau ein Trinkgeld und begebe mich für eine Stunde auf eine fröhliche, grüne Liege im Bereich des Thermalbades. Angenehme Farben und große Wandgemälde lassen meine Sinne entspannen. Lieber Gott, bin ich froh, hier zu sein. Vermutlich habe ich als Kind nicht gelernt, für mich selbst zu kämpfen. Und jetzt ist offensichtlich reichlich Gelegenheit, dies nachzuholen. "Du ersparst mir auch gar nichts! " meckere ich liebevoll an meinem altbekannten Gott herum. Dabei fällt mir eine Geschichte ein, die ich mir vor einigen Jahren habe einfallen lassen: Dereinst war ich ein

Engelchen im Himmel. Petrus fragte mich, ob ich, versehen mit einem Körper, eine Weile zur Erde wolle. Durch ein riesiges Fernglas suchte ich mir meine Eltern aus. Ich wusste, was auf mich zukommen würde. Auch der Mädchenkörper war Bestellung. Wir mussten noch warten, bis die beiden endlich "Liebe" machten. Na und dann ging es los! Petrus rief mir noch hinterher, dass ich mir das Wissen um dieses Vorgehen, dort "unten" erst erwerben müsse. Und dass er mich zur rechten Zeit wieder "hoch" holen würde.

Dieses Abenteuer habe ich mir also selbst gewählt! Doch wenn mir das "Wissen" darum nicht gegenwärtig ist, geht es mir recht übel. Dann ist nichts mit Abenteuerlust und Bärenmut. Bald kommt Georg nach Bad Wunderbar. Ihm fehlt diese Art von "himmlischer" Phantasie. Darum mag er mich wohl, so ein bisschen als Ergänzung. Als tröstender "Papa" hat er sich nie geeignet. Schade. Doch der liebe Gott gibt uns ja nicht, was wir egoistisch wollen. Er gibt uns, was wir zur Erkenntnis unserer selbst und seiner Welt brauchen. So jedenfalls stelle ich mir das vor. Darum ist mir nie der "Papa", den ich meinte zu brauchen, über den Weg gelaufen und meiner so früh gestorben. Wenn es wirklich nicht mehr gehen wollte, war immer eine "Insel" zur Erholung da. Oft auf den abenteuerlichsten Wegen! Allerdings muss man das "Silbertablett" sehen wollen, das der liebe Gott, meiner Meinung nach, immer und für jeden, bereit hält.

Ich stelle mir manchmal vor, dass ein Mensch Hilfe braucht, und Gott mit einem Silbertablett voller

Lösungsangebote neben ihm her läuft. Wohl dem, der es bemerkt. Es träumt sich gut auf meiner grünen Liege. Ich beobachte einige Menschen, und überlege, ob sie auch manchmal solchen Gedanken nachgehen.

In einem der warmen Becken macht eine Gruppe Wassergymnastik. Ich werde auch gleich ein wenig in der Therme herumwandern. Bewegung ist für mich jetzt angesagt. Im Wasser treffe ich Mona und Dieter. Sie stehen am Beckenrand und sehen mich kommen. "Hallo, du bist ja auch hier!", ruft Mona von weitem und winkt mit beiden Armen. Ich arbeite mich langsam zu ihnen hin. Es ist nicht leicht, im Wasser zu gehen. "Du hast gestern was versäumt! Gell, Dieter, das war gut gestern." Mona erzählt begeistert vom Tanzen. Ich lasse mir alles genau erzählen, und frage mich, warum ich nicht neidisch werde. Vermutlich habe ich, als junges Mädel, so viel getanzt, dass ich auf dem Gebiet gesättigt bin. Es tut gut, den beiden zuzuhören und zu entspannen.

"Heute Abend kommst du aber mit", fordert Mona mich auf. Dieter lacht nur: "Die geht doch wieder in ihr Zimmer und guckt TV!" Er sagt es nett. Und er wird Recht behalten. Die Abende halte ich mir zur Verdauung des täglich Erlebten frei. Fröhlich ziehe ich weiter zum Schwimmbecken, um ein paar Bahnen zu absolvieren. Dann wird es Zeit zum Mittagessen. Ich treffe alle Tischgenossen an, und es wird ein fröhliches Essen mit leichter Kost. Am Nachmittag gehe ich wieder zu meinem Akupunkturtermin. Ich gehe langsam, weil es nicht anders geht. Heute werde ich um einen Übersetzer bitten, der meinem Arzt klar machen soll, dass die Schmerzen doller geworden sind. Ein bisschen unangenehm ist es mir schon, als ich an der Rezeption der chinesischen Klinik meinen Wunsch vortrage.

Für die junge deutsche Frau scheint es jedoch ein normales Anliegen zu sein. Sie ruft einen Namen, der Vertreter von Dr. Yun erscheint. Er ist erfreut mich zu sehen, strahlt über das ganze Gesicht, fragt, was für Wünsche ich an ihn hätte. Ich erzähle, er versteht, ruft Lung Sheng und gibt auf Chinesisch Anweisungen. Dann verabschiedet er sich von mir und sagt: "Ihr Arzt wird Ihnen heute Schröpfgläser setzen, und danach gibt es chinesische Tee mit Pillen." Er macht einen Diener und ist entschwunden. Wunderbar, diese Art der Formulierung: "Chinesische Tee mit Pillen." Erst jetzt gibt mir Lung Sheng seine Hand. Er wirkt etwas schüchtern. Vielleicht ist es ihm unangenehm, dass ich mir einen Übersetzer geholt habe? "War das richtig?", frage ich mich nach innen. Im Geiste sehe ich meinen kleinen Igel ganz doll mit dem Stachelkopf nicken. Ich bin zufrieden mit mir. Wir gehen wieder in den Raum mit der gut verstellbaren Liege.

Nachdem ich mich ausgezogen und richtig platziert habe, fragt mein chinesischer Arzt: "Wo tun weh?" Ich zeige die Stellen, er möchte es genau wissen. Das ist nicht so einfach, weil die Schmerzen nicht konstant an einer Stelle auftreten, sondern durch mein linkes Bein und den ganzen Rücken ziehen. "Wo am meisten?" fragt er. Ich würde jetzt so gerne erzählen, wie genau das meistens ist, aber er will bestimmte Stellen! Resignation greift nach mir. Ich zeige auf meine linke Wade und auf die linke Pobacke. Dabei fühle ich mich wie als Kind, wenn ich mich nicht richtig erklären konnte und mich darum keiner verstand. Lung Sheng setzt auf jede Stelle ein Schröpfgläschen. "Soll Schmerzen rausziehen", kommentiert er. Dann akupunktiert er wie schon bekannt. Ich fühle mich sehr unwohl, hätte jetzt gerne einen deutschen Arzt. Er deckt mich zu, verlässt den Raum. Am liebsten würde ich das ganze Zeug rausreißen, ich bin der Verzweiflung nahe. "Soll Schmerzen rausziehen!" So ein Blödsinn! Am Po und an der Wade fühle ich merkwürdige Spannungen. So, als konzentriere sich viel Energie auf diese Regionen. Ich atme tief und werde neugierig. Vielleicht ist ja doch etwas dran an dem "Schmerzen rausziehen"? Vertrauen haben, wenn ich mich nicht verstanden fühle, ist eine Anforderung, der ich schwer entsprechen kann. Ich versuche es trotzdem. Das zweifelnde Gefühl aber siegt! Hör auf dagegen anzukämpfen, lass das Gefühl fließen, ermahne ich mich selbst.

Also gestatte ich mir, richtig doll verzweifelt zu sein, weil mich keiner versteht. Nach kurzer Zeit geht es mir besser. Die Pobacke und meine Wade spannen riesig. Später kommt Lung Sheng, zieht die Nadeln, nimmt die Gläschen mit einem "Plopp" ab. Er sagt nichts, macht die Tuina-Übungen viel kürzer als sonst. Als ich mich angezogen habe, fordert er mich auf, mit ihm zu kommen. Wir gehen in die chinesische Apotheke. Riesige Tongefäße voller Kräuter, Gläser mit nicht definierbaren Tinkturen, ein großer Holzschrank mit riesigen Schubladen. Der chinesische Apotheker und Lung Sheng wechseln in ihrer Sprache Worte. Dann bekomme ich Pillen, von denen ich täglich zwei schlucken soll. Und Tee, in einem Tütchen eingeschweißt, mit vielen chinesischen Schriftzeichen darauf. Es ist löslicher Tee. Zur Unterstützung meiner Therapie soll ich jeden Tag ein Tässchen trinken. "Alles ganze pflanzelich", sagt Lung Sheng und verabschiedet sich für heute.

NICHTS MUSS SO BLEIBEN

Beim Abendbrot erzähle ich Mona, wie anders es heute bei den Chinesen war. "Geh, Schröpfen, das ist gut!" ruft sie aus. Sie hat die besten Erfahrungen damit gemacht. Erst jetzt merke ich, dass ich besser gehen konnte! Ich bin wirklich überrascht. Mona lacht: "Du bist schon eine Nudel!" Ich schäme mich jetzt wirklich ein bisschen über mein Misstrauen. Angelika macht Witze über die "Knutschflecken", die man vom Schröpfen bekommt. Sie fragt, ob mir das in der Therme noch nicht aufgefallen sei. "Deern, wo hast du deine Augen?" Dieter kommentiert: "Sicher nicht, wo du sie hast!" Wir lachen. Mona hat auch Tee verordnet bekommen. Allerdings erhält sie täglich eine Kanne gebrühten Tee, den sie sich jeden Morgen an der Rezeption abholen muss. Den soll sie über den Tag verteilt austrinken.

Wir plaudern noch über unsere Erlebnisse und dann verabschieden wir uns in den Abend. Ich habe tatsächlich etwas weniger Schmerzen und kann besser gehen! "Wie finden wir denn das?", frage ich meine Bandscheibe. Fröhlich springt mein Igelchen durch einen bunten Holzring. "Willst du mit Mona, Dieter und Angelika in das Tanzcafe gehen?" frage ich, angesichts dieser lustigen Aktion, nach. Mein kleiner Igel schüttelt seinen Kopf und hält sich die Nase zu. Ach ja, in solchen Räumlichkeiten wird immer sehr viel geraucht. Mein Igel und ich sind Nichtraucher. Ich habe wirklich beste Laune! In meinem

Zimmer schreibe ich alles Erlebte in mein Tagebuch und mache zum Schluss eine kleine Zeichnung von einem Igel, der durch einen bunten Holzring hüpft. Morgen werde ich die manuelle Therapie beginnen. Mit neuer Hoffnung gehe ich schlafen.

In der Nacht wache ich auf und spüre neue Spannungen in meinem linken Bein. Mein altbekanntes Misstrauen will mich anschleichen. Ich stehe auf, mache Licht an und gucke in den Spiegel. Tatsächlich, an der Pobacke und an meiner linken Wade habe ich dicke Flecke. "Knutschflecke" hat Angelika dazu gesagt. Ich muss lachen. Wie fröhlich die Hamburger Deern oft ist. Und wie geht es mir? Ich versuche ein Gespräch mit meinem kleinen Igel. "Hallo, wie geht es uns?" In mir drin blinzelt ein müdes Igelchen und fasst sich mit der Pfote an seinen Kopf. "Ist schon in Ordnung, wir gehen wieder schlafen." Ich liege noch eine Weile wach und konzentriere mich auf meine Phantasie, die einen ruhig schlummernden Igel, tief in mir drin, malt.

Wenn's dem Igel egal ist, sollte auch mir mein neuer Spannungsschmerz gleichgültig sein. Irgendwann schlafe ich ein. Gut gelaunt wache ich am Morgen auf. Nach dem Frühstück habe ich meinen ersten Termin bei der manuellen Therapie. Das passt mir gut, denn ich fühle mich ziemlich "zerknittert". "Du auch?" frage ich in Richtung Bandscheibe. Mein kleiner Igel sortiert gedankenverloren seine vielen Stacheln. Auf dem Frühstückstisch steht wieder frisches Dinkelbrot. Ich biete Angelika etwas davon an. Vier Scheiben sind mir zu viel. "Nee, Deern, das musst du schon allein verputzen!" Mona streckt ihre Hand über den Tisch. Sie riecht an einer Scheibe Brot und macht eine anerkennende Geste. "Das nehme ich mir für heute Abend mit, nach dem Tanzen habe ich immer Hunger!" Dieter schüttelt seinen Kopf, er bevorzugt Weizen in jeder Form. Wir erzählen uns die Tagespläne, die jeder hat. "Manuelle Therapie? Da musst du Übungen machen. Die wird dir ganz schön einheizen!" sagt Angelika. Sie erzählt von ihrer Krankengymnastin, es klingt nicht begeistert. Bevor ich meinen ersten "manuelle Therapie"-Termin antrete, bereite ich mir meinen chinesischen Tee. Ich brauche ihn nur mit heißem Wasser aufzugießen. Dabei leistet mir mein kleiner Tauchsieder treue Dienste. Der Tee schmeckt richtig "ausländisch". Ich frage meinen Igel, ob er das mag. Er hat einen weißen "Sabberlatz" um und schleckt erfreut aus einem Schälchen. Na, dann ist ja alles gut.

Eigentlich ist es gut, dass niemand unsere Phantasien sehen kann. Sie spielen sich in unserem Kopf - oder wo auch immer - ab. Nachdem ich meine "rein pflanzelich" Pillen geschluckt habe, mache ich mich auf den Weg zur Krankengymnastik-Abteilung. Nach wie vor kann ich nur sehr langsam gehen.

Die Behandlungszone ist ziemlich weitläufig. Viele Menschen sitzen auf langen Bänken und warten. Manche tragen Jogginganzüge, andere Bademäntel. Immer wieder wird jemand aufgerufen. Ich bin sehr neugierig auf diese Behandlung. Eine junge Frau erscheint und ruft meinen Namen. Sie wirkt sehr sympathisch. Warm reicht sie mir ihre Hand, stellt sich vor. Frau Schütze ist Praktikantin und kommt, wie Dieter, aus Thüringen. Schade, eine Auszubildende, denke ich voller Vorurteile. Ob die mich richtig behandeln kann? Die Behandlungskabinen sind mit orangefarbenen Stoffvorhängen abgeteilt. Wir reden leise. Sie fragt mich, was mir fehlt. Ich sage: "Eine gute manuelle Therapie." Frau Schütze reagiert gut.

"Wenn Sie experimentierfreudig sind, können Sie die haben." Sie erzählt, dass die meisten Patienten nicht wissen, was sie wollen. Sie lassen jede Behandlung über sich ergehen, machen alles mit. Auf die Frage, was fehlt, bekommt sie gewöhnlich die Leidensgeschichte erzählt. Wir teilen uns gegenseitig mit, wer wir sind. Martina S. ist eine junge Frau, die über Grenzen geht! Ein Geschenk des Himmels. Sie nimmt an Wochenenden freiwillig an Seminaren des chinesischen Chefarztes teil! "Wenn Sie wollen, nehme ich Sie als Versuchskaninchen für die chinesische Gangart." Ich will natürlich! Wir freuen uns beide. Sie hat bei Dr. Yun eine Art Akupressur erlernt und fragt mich, ob sie das bei mir anwenden könnte. Überglücklich stimme ich zu. Ich soll mich auf die Seite legen. Dann drückt sie, richtig gekonnt, mehrere Punkte an meinem Rücken und an den Beinen. Sie trifft passende Punkte, das spüre ich. Ein Naturtalent! Mit ihren kräftigen Fingern hält sie so lange den Druck, bis ich Entspannung spüre. Zum Schluss arbeitet sie an meinem Hinterkopf. Dazu lege ich mich auf den Rücken, lasse meine Beine aufgestellt. Sie drückt Stellen neben der Halswirbelsäule unter der Schädeldecke. Es gibt angenehmen Druckschmerz, was bezeugt, dass sie genau die richtigen Felder trifft. Bis in meine Lendenwirbelsäule fühle ich Entspannung. Frau S. weiß von keinen Zusammenhängen, berichtet aber, dass Dr. Yun von allen möglichen unsichtbaren Energie-Leitbahnen erzählte. Nach dieser einfühlsamen Behandlung fühle ich mich wie neu geboren. Ich bedanke mich herzlich und gehe in den Thermalbereich, um mich auf einer grünen Liege weiter zu entspannen. Ich fühle mich so reich beschenkt, dass ich dem lieben Gott ein langes Dankesgebet serviere.

Irgendwo muss man ja mit seiner Freude hin! Gott sei Dank lassen die Liegen sich mehrfach verstellen, so dass auch ich bequem ausruhen kann. In Gedanken gehe ich noch mal meine ganze Bandscheibengeschichte durch, vom ersten "Pieksen" im Rücken bis heute. Bei diesen Gedanken fällt mir Georg ein. Er war der Bote, der mir Bad Wunderbar auf dem Silbertablett reichte. Dem Himmel sei Dank, dass ich es nehmen konnte! Georg kommt bald. Irgendwie passt er nicht in diese Zauberwelt. Er ist wie ein Zeuge meiner alten Haltung. Habe ich denn schon eine neue Haltung? frage ich mich. Schön, neuerdings wohnt in mir ein kleiner Igel und ich gehe langsamer. "Geht 's dir gut?", frage ich nach innen. Mein Kleines hat sich eingekugelt und schläft friedlich. Überhaupt fühle ich mich gerade "igelwohl". Aber ich muss doch auf Georg reagieren! Das gehört sich so. Ich werde ihm ein Brieflein schreiben und es in sein Domizil bringen. Zur Begrüßung. Vielleicht schlage ich einen Termin vor, an dem wir uns an einem schönen Ort treffen können.

Nachher werde ich mit dem Fahrrad fahren, und schauen, wo das sein könnte.

Jetzt möchte ich über meine neue Haltung nachdenken. Neu ist, dass ich sehr auf mich und meine inneren Regungen achte. Ich mache eine lückenlose Inventur meines Lebens und schaue es mir selbstkritisch, aber mit liebevollem Verständnis, an. Ich schmerze ab. Das heißt, ich lasse Gefühle, die von innen aufsteigen, frei fließen und unterdrücke sie nicht länger. Ich bemühe mich, in der Gegenwart zu leben und da das Notwendige zu tun. Ich verschiebe nichts auf später. Ich trete für mich und meine Bedürfnisse ein. Ich gestatte mir hilfreiche Phantasien. Ich bemühe mich, meine wirkliche Meinung angemessen zu vertreten. Mein Kollege fällt mir ein. Als ich ihm sagte, dass ich die zu vertretende Schulstunde nicht halten werde. Das war schon richtig. Keiner hätte etwas davon gehabt. So blieben die Kinder und ich in der ersten Stunde zu Hause. Ich mache angemessene Verdauungspausen, für meinen Körper zur Entspannung, und für meine Seele, um die vielen Erlebnisse zu verdauen. Wenn ich das tue, bekomme ich automatisch Lust, wieder aktiv und produktiv zu werden. Keiner mag sinnlos rumliegen! Ich habe genug entspannt. Ich werde schwimmen gehen. Mit einem Gefühl innerer Zufriedenheit stapfe ich durch das warme Wasser der Therme zum Schwimmbecken. Auf dem Rücken ziehe ich meine Bahnen, langsam und stetig. Mein Gott, was bin ich damals durch die Fluten gestürmt, musste Urkunden erwerben, um mich bestätigt zu fühlen. "Alles hat seine Zeit", kommt mir durch meine Sinne gezogen. Stimmt, denke ich. Früher hat mir kein Rücken wehgetan. Jetzt ist es eben anders. Später, in meinem Zimmer, schreibe ich einen freundlichen Willkommensgruß an Georg. Mir ist die kleine Kirche eingefallen, die ich neulich beim Rad fahren gesehen habe. Ein schöner Ort, um uns zu treffen. Es ist außerhalb von Bad Wunderbar. Ich habe eine Zeit ausgewählt, zu der er mit Sicherheit kommen kann. Auf dem Weg in die chinesische Klinik bringe ich den Brief bei Georg vorbei. Ich fahre mit dem Rad.

Die Akupunkturbehandlung läuft heute wieder normal ab. Lung Sheng fragt, wie es mir geht. Ich sage, dass die Schröpfgläschen sehr gut gewirkt haben und ich mich etwas besser fühle. Mein chinesischer Arzt scheint zufrieden zu sein. Er pfeift ein Liedchen vor sich hin, setzt dabei die Nadeln. Später, bei der Tuina-Behandlung, fragt er mich: "Haben Mann und Kinder?" Ich sage "Nein." "Müssen haben Mann zum Beschützen!" Er strahlt mich an und wirkt äußerst sympathisch. Beim zurück Radeln genieße ich die Sonne, freue mich über die schönen Blumen und denke über Lung Shengs Worte nach.

ALLES HAT SEINE ZEIT

Heute Nacht habe ich schlecht geschlafen. Wie gerädert wache ich am Morgen auf. Ich habe vom Tod meines Vaters geträumt, noch mal die Seelenqualen erlebt. Oh Gott, war das grausam! Vielleicht hat das mit Georgs Ankunft zu tun? Er hat meinen Vater beerdigt. "Abschmerzen!" sage ich mir, lass die Gefühle fließen. Was raus will, muss raus! Ich ziehe meine schwarzen Hosen an, mir ist nach dunklen Farben zumute. Noch vor dem Frühstück ist mein Ganzkörpermassage-Termin. Mal schauen, wie das ist. Langsam gehe ich in die Abteilung, wo die Kabinen für die Massagen sind.

Mein ganzer Körper schmerzt, mein linkes Bein ist wieder mehr eingeschlafen. Ich muss eine Weile warten. Dann ruft mich eine junge Frau zu sich. Hier sind die Kabinenwände aus Holz und in der Farbe türkis gestrichen. Ich soll mich auf den Bauch legen. Die junge Frau ist mit ihren Gedanken weit weg. "Ich habe einen Bandscheibenvorfall und kann das nicht, bitte verstellen sie die Liege." Die Liege geht nicht so zu stellen, wie bei den Chinesen. "Wie soll ich Sie dann massieren?", fragt sie mich desinteressiert. Ich bitte sie um etwas, das ich mir unterlegen kann. "Wenn Sie meinen!" Sie kommt mit einer Rolle wieder. Ich schiebe sie mir unter den Bauch, liege aber ziemlich verkrampft. Die junge Frau massiert meinen Rücken. Ab und an sage ich, sie soll vorsichtiger sein. Ich versuche ein Gespräch. Es geht nicht. Irgendwie ist mir das auch egal. Ich bin schlecht drauf, sie ist schlecht drauf. Eine Ganzkörpermassage habe ich mir anders vorgestellt. Eben der ganze Körper. Ich lerne, dass es sich hierbei lediglich um eine Massage des gesamten Rückenbereiches handelt.

Die Damen arbeiten wie am Fließband. Da kann ich ihre desinteressierte Haltung irgendwie verstehen. Zum Schluss soll ich mich noch hinsetzen. Sie massiert den Nacken und den Schulterbereich. "Sie sind ziemlich verspannt", sagt sie. Im Sitzen kann ich mich besser entspannen. So habe ich doch noch das Gefühl, etwas Sinnvolles erhalten zu haben. Gleich im Anschluss gehe ich frühstücken. Ich freue mich auf mein Dinkelbrot. Es steht schon an meinem Platz. Dieter sitzt am Tisch. Ich frage ihn, wie das Tanzen gestern war. "Nicht fragen, mitkommen", sagt er. "Aber nicht so!" Er deutet mit seinem Kopf auf meine Kleidung. "Sieht nicht so gut aus, was?", frage ich ihn. "Du willst ja unsere wirkliche Meinung hören." Dieter hat Recht. Das hatte ich den Dreien am Anfang gleich gestattet. "Du läufst ziemlich schluffig rum. Das mögen Männer nicht, es ist absolut abturnend." Er sagt es nett, und ich gebe ihm Recht. Ich erzähle Dieter, dass ich früher ein richtiges Modepüppchen war. Mir war es sehr wichtig, attraktiv zu wirken. Doch irgendwann störte mich die Begehrlichkeit auf meine äußere Hülle. Da habe ich verändert. "Und gleich so!? ", meint Dieter und guckt leicht angeekelt. Ich muss lachen. "Na, so wie heute laufe ich wirklich nicht alle Tage rum." Dieter stimmt zu, meint, ich hätte schon besser ausgesehen. "Das Auge isst mit", sagt er noch. Dann hat er einen

Behandlungstermin. Dieter hat Recht, ich mag auch gerne von schönen Tellern essen. Gleich habe ich einen Termin bei Dr. Weißhaupt. Der Zettel lag gestern in meinem Fach. Doch erst mal genieße ich ein gutes Frühstück. Ich esse Joghurt mit Honig und danach Dinkelbrot, ein Ei und später Käse. Zum Schluss hole ich mir noch etwas Obst vom Buffet. Lieber Gott, geht es mir gut! Und was Dieter sagte, gefällt mir. Es kam so ehrlich von ihm. Eine ehrliche Meinung über sich selbst zu hören ist immer gut.

Dann gehe ich auf mein Zimmer und mache mir meinen chinesischen Tee. Nachdem ich auch noch die Pillen geschluckt habe, mache ich mich auf den Weg zu Dr. Weißhaupt. Ich gehe langsam und genieße die Farben der Teppiche, die erdig und natürlich wirken. Es hat auch Vorteile, nur langsam voran zu kommen. Dr. Weißhaupt empfängt mich sehr freundlich. "Haben S' sich schon eingelebt?" Ich erzähle, dass es mir sehr gut gefällt und frage nach meinen Blutwerten. "Wissen S', so ein Blut hat kaum ein Mensch von denen, die da sind." Er guckt auf einen Zettel und macht eine anerkennende Geste. "Machen S' so weiter, Sie machen es schon richtig!" Er steht auf, reicht mir die Hand.

Erst als ich draußen bin, fällt mir auf, dass er gar nicht nach meiner Befindlichkeit gefragt hat. Ich fühle mich ziemlich verunsichert. Ob ihm das gute Blutbild reicht? Doch was hat das mit meiner Bandscheibe zu tun? Das ist schon eine merkwürdige Klinik! Ich frage meinen Igel, wie er das findet. "Huhu, du da in mir..." Das Bild eines nasebohrenden Igels erscheint. Das Kleine sieht gelassen und mit sich und der Welt zufrieden aus. Hm, na von mir aus! So viel Gelassenheit macht mich ganz nervös. "Du willst doch eine neue Haltung erwerben", sage ich laut vor mich hin und beschließe, ein bisschen in der Therme umherzuwandern. Um diese Uhrzeit scheint es dort einigermaßen leer zu sein. Das Wasser ist wohltuend und lenkt mich von meiner Unsicherheit ab. Wieder fallen mir die vielen frischen Narben auf. Ich kann so froh sein, dass ich bei den Chinesen gelandet bin. Dr. Weißhaupt sagte doch, dass die mich schon wieder hinkriegen werden! Bei diesem Gedanken fällt mir auf, dass ich fast meinen Akupunktur-Termin vergessen habe. Schnell verlasse ich das Wasser und gehe in mein Zimmer, um es noch rechtzeitig zu schaffein. Pünktlich öffne ich die Tür mit den zauberhaft verzierten Griffen. Mein Rücken sendet stechende Schmerzen. Das Gehetze tut mir nicht gut! Ich bin froh, als mein chinesischer Arzt erscheint. Auch er scheint sich zu freuen, denn er strahlt über das ganze Gesicht.

"Hallo, wie gehte es Ihnen?" Ich liebe diese schnarrige, leise Stimme. "Es tut sehr weh", sage ich und zeige mit meiner Hand auf die Stelle der rausgehüpften Bandscheibe. "Ich war zu schnell!" Lung Sheng scheint zu verstehen. "Setzen Schröpfgläser!" Dazu nickt er bestärkend mit seinem Kopf. "Liebster Gott, bin ich dankbar, hier zu sein!" bete ich heimlich in mir drin. Ich spüre Vertrauen zu meinem Arzt. Heute sind wir wieder in dem ersten Raum. Ich liege auf der Seite und geniere mich auch nicht mehr wegen der Zupferei an meiner Oberweite. Soll rutschen was will! Lung Sheng setzt rechts und links neben die Wirbel der Schmerzstelle Schröpfgläschen. "Werden rausziehen Schmerz", sagt er leise und beginnt mit der Akupunktur. Er geht besonders behutsam vor. "Nachher noch machen Übung gegen Wirbel", sagt er zum Schluss und zeigt mit der Hand in seinen Lendenwirbelbereich. Dann wünscht er "Gute schlafen!" und ist, wie immer, lautlos verschwunden.

Ich genieße die Spannung, die die Schröpfgläschen bereiten und stelle mir vor, wie meine Schmerzen ganz langsam herausgezogen werden. Was für eine Übung "gegen Wirbel" wird das sein? Ich muss über Lung Shengs Worte lächeln. Irgendwann kommt er wieder. "Gute getan?" fragt er, und meint wohl die Schröpfgläschen. Ich fühle mich wohler und sage "Ja". Vorsichtig deckt er mich ab, entfernt Nadel für Nadel, die Gläschen zum Schluss. "Plopp" macht es, als er sie abzieht. Dann folgt die Tuina-Behandlung, auch die heute vorsichtiger. Anschließend soll ich mich vor den Spiegel stellen. Lung Sheng deutet an, dass ich meine Arme von hinten fest um seine Brust legen soll. Sein und mein Kopf erscheinen im Spiegel wie ein fröhliches Foto. Ganz eng an ihn geschmiegt zieht er mich vorsichtig hoch, indem er sich nach vorne beugt. Wir schwitzen beide mächtig. Es ist Mai und ziemlich warm. In mir fährt etwas "Fahrstuhl". Meine Lendenwirbelsäule dehnt sich befreiend. Doch tief in mir hat sich noch mehr bewegt. Kinder nennen es manchmal "Schmetterlinge im Bauch". Lung Sheng und ich strahlen uns im Spiegel an. Ein bezauberndes Bild. Dann stellt er mich behutsam ab. "Für heute genug", sagt er leise. Ohne die Hand zu reichen ist er lautlos verschwunden. Merkwürdig bewegt, und wieder langsam, gehe ich in mein Zimmer zurück. Wie üblich halte ich eine Stunde Ruhezeit ein.

Heute fällt mir auf, wie sehr es im Zimmer nach dem chinesischen Öl riecht. Nach der Tuina-Behandlung reibt Lung Sheng mich immer ein. Ich mag den Geruch inzwischen sehr. Ziemlich durcheinander mache ich mich auf den Weg zum Mittagessen. Mona und Angelika sitzen am Tisch und fragen, warum ich so strahle. "Die hat sich verliebt", sagt Angelika. Vermutlich werde ich rot, denn Mona ruft aus: "Geh, ist das schön!" Beide wollen wissen, wer der Glückliche ist. "Mein chinesischer Arzt", sage ich etwas ratlos. "So was Fremdes passt zu dir", ruft Mona aus. Angelika findet: "Also, mit einem Chinesen könnt' ich nicht!" Dieter hat schon gespeist, wie am Geschirr zu erkennen ist. Was wir hier zu verhandeln haben, ist auch "Weibersache". Ich frage die beiden, ob sie meine Gefühle normal finden. "Deern, Verlieben ist das Normalste der Welt!", sagt Angelika. Mona nickt eifrig mit ihrem Kopf. "Na, dann mache ich ja endlich etwas ganz Normales; eure Erziehung scheint zu wirken!" Von dieser Aussage sind Mona und Angelika schwer begeistert. Sie wollen noch Genaueres wissen. Ich mag nicht mehr mitteilen und sage: "Es ist halt einfach nur so ein Gefühl entstanden. Mehr nicht." "Und er?", will Angelika wissen. "Was hat er damit zu tun?", gebe ich zu bedenken. Mona und Angelika sind enttäuscht und finden mich wieder unnormal. Unser Mittagessen wird gebracht, und wir wechseln das Thema. Monas junger Freund wird bald kommen. Sie ist gar nicht mehr so begeistert, weil sie beim Tanzen ein Auge auf jemand anderen "geworfen" hat. Angelika schwärmt gleich für zwei Männer. "Für jede Seite einen", sagt sie lachend.

Später, als ich wieder allein bin, denke ich über unser Gespräch nach. Wie unterschiedlich Menschen mit ihren Gefühlen umgehen! Als ich noch sehr jung war, wollte ich meine Liebesgefühle unbedingt mit dem dazugehörenden Mann teilen. Später wurde mir klar, dass Liebe ein Gefühl ist, das in mir entsteht und also mein Innerstes widerspiegelt. Das kann, muss aber nicht, miteinander geteilt werden. Es kommt auf die äußeren Umstände an. In jedem Fall handelt es sich aber um ein bereicherndes Erleben. Ja, dieses Zaubergefühl kommt mir gerade recht. Nichts entspannt mich mehr, als in Liebe zu schwingen. Nach einem geruhsamen Mittagsschlaf merke ich, dass es mir auch körperlich besser geht. Ich mache eine kleine Radtour und finde mitten im Wald eine Kapelle. Aus Dankbarkeit für ein gelungenes Leben hat sie jemand erbauen lassen. Drinnen sind eine kleine Bank und frische Blumen. Es gibt einen Altar mit einem Marienbild und einige Kerzen. Wie wunderbar still es ist.

Ich sitze und fühle einfach so vor mich hin. Dann unterhalte ich mich ein bisschen mit dem lieben Gott. Wir reden über mein altes und über mein neues Leben. Ich möchte am Ende auch sagen können, dass es gelungen ist. Doch bis dahin ist es noch ein Stückchen Weg! Wie wird es werden, wenn Georg da ist? Morgen Nachmittag habe ich mich mit ihm verabredet. Wie wird das nächste Zusammenkommen mit meinem chinesischen Arzt sein? In meinem Bauch erhebt sich ein ganzer Schwarm Schmetterlinge. "Alles hat sein Zeit..." fällt mir ein und es fühlt sich wie ein unsichtbarer Wegweiser an.

NEUE ZEITEN - ALTE ZEITEN

Ich schwebe in höheren Sphären. Beim Zähneputzen machen mir meine strahlenden Augen richtig Spaß. Wie anders man doch in diesem Zustand aussieht! Mir fällt auf, dass mein Bein weniger eingeschlafen ist. Auch die Schmerzen sind geringer. Ich amüsiere mich über meine großen runden "Knutschflecke" an Rücken und Bein. Haben die Schröpfgläschen Schmerz "rausgezogen", oder ist es mein verliebtes Gefühl? Vermutlich hat jedes seinen Anteil. Ich schlafe wunderbar und wache nicht ein einziges Mal auf.

Am nächsten Tag hat Lung Sheng zur Begrüßung eine feuchte Hand. Mir geht es auch nicht anders, vor innerer Aufregung plappere ich wie ein kleines Kind, das seine Erlebnisse schnell mitteilen will. Ich erzähle, dass es mir viel besser geht und mein Bein weniger taub ist. Er freut sich. "Dann machen heute viel Tuina." Was er damit meint, weiß ich nicht. Lung Sheng setzt die Nadeln etwas anders. Ich meine, es sind auch weniger. Da wir wieder in dem ersten Zimmer sind, liege ich auf der Seite. Eigentlich ist mir diese Position auch lieber. Auf dem Bauch wird meine Oberweite sehr gedrückt. Alle Nadeln sind gesetzt, Lung Sheng deckt mich zu. In Sichtweite bleibt er stehen. "Haben regelmäßig Menstruation?" Von der Frage überrascht, sage ich: "Ja, immer genau pünktlich." Er strahlt auf. "Dasse ist sehr gut!" Dann erst verlässt er den Raum. Heute höre ich die Tür ins Schloss fallen. Draußen spuckt er so laut ins Becken, dass eine ganze

Armee aufwachen würde. Diese Becken auf dem Flur sind mir schon aufgefallen.

Neulich, als ich kam, spuckte eine junge chinesische Ärztin völlig ungeniert da rein. Andere Länder, andere Sitten. Mona hatte mir erzählt, dass Chinesen auch beim Essen schmatzen. Sie war schon mal hier und bekam das anlässlich einer Feier mit. Als Mona das erzählte, hatte Angelika sich vor Ekel geschüttelt. Inzwischen liebe ich diese beiden! Heute abend wollen wir gemeinsam Rad fahren. Doch vor dem Abendbrot ist erst mal mein Rendezvous mit Georg. Wie das wohl werden wird? Ich träume noch ein bisschen vor mich hin. Dann kommt Lung Sheng. Er pfeift ein Liedchen, ganz leise. "Gehte gut? ", fragt er und deckt mich ab. In meiner Magengegend erhebt sich ein ganzer Schwarm von Schmetterlingen. "Ja, gut", sage ich und hoffe, er merkt meine Aufregung nicht.

Es ist schon merkwürdig, wie unsicher mein verliebtes Gefühl mich macht. Und wie unkontrolliert Gefühle sich erheben! Vorsichtig zieht er die Nadeln. Bei einer tut es weh. Ich beiße die Zähne zusammen, um nicht albern zu wirken. Gleichzeitig finde ich mein Verhalten wie ein Teenager, der noch nicht gelernt hat, dass es wichtig ist, echt zu sein. Ich habe keine Zeit für weitere Gedanken, denn Lung Sheng fordert mich auf, mich zur Tuina-Behandlung zu platzieren. Er geht kräftiger vor als sonst. Meine Güte, ist das heute eine harte Nummer! Mein chinesischer Arzt beugt sich vom Kopfende über mich und stemmt mit beiden Händen meine Beckenknochen nach unten. Immer und immer wieder. Ich schreie auf, es interessiert ihn wenig. "Müssen machen, ist gut!", sagt er unter irrsinnigem Schwitzen. Vermutlich werde ich morgen grün und blau sein. Endlich hört er auf.

Ich bin fix und fertig. Er scheint äußerst befriedigt. Dann wischt er seinen Schweiß am Bettuch ab und wirft es in die Ecke. Er reibt mich noch mit dem chinesischen Öl ein, dann sagt er: "Bisse morgen." Er reicht mir die Hand. Sie ist total trocken. Er ist entschwunden, ich bin allein im Raum. Sehr langsam kleide ich mich wieder an. Dabei genieße ich die leise, asiatische Musik und merke, dass ich ziemlich durcheinander geraten bin. Beim Mittagessen treffe ich Mona und Angelika an. Sie sind sehr neugierig und wollen wissen, wie es heute mit meinem chinesischen Arzt war. Ich erzähle. Mona fragt enttäuscht: "Und du hast ihm nichts von deinen Gefühlen gezeigt?" Mir fällt auf, dass ich gar nicht auf die Idee gekommen bin. Ich war bemüht, meine Verliebtheit zu verstecken. "Du bist und bleibst unnormal!", kommentiert Angelika. Ich erkläre den beiden, dass ich das verliebte Gefühl mit und ohne Lung Sheng genießen kann. "Geh, du bist verrückt! Hol dir den Chinesen!" Mona ist in Fahrt. Angelika fragt, ob wir auch am Nachmittag Rad fahren könnten. Sie würde sich nach dem Abendbrot lieber Zeit zum "hübsch machen" nehmen. "Im Gegenteil zu dir, zeige ich was ich hab'!" Sie strahlt stolz auf, zeigt dazu ihre Zähne.

Ich erzähle den beiden, dass ich nicht kann, weil ich verabredet bin. Nun habe ich Mona und Angelika aber neugierig gemacht. Sie wollen ganz genau wissen, wo und mit wem. Ich erzähle, dass es sich um einen alten Kollegen aus meiner Heimat handelt. Den Ort des Treffens verrate ich nicht. Die beiden wären glatt in der Lage und würden gucken kommen! "Zeigst du dem auch keine Gefühle?", will Angelika wissen. Ich muss lachen. "Doch, Georg zeige ich meine ganze echte Palette." Mona und Angelika sind zufrieden. Wir verabschieden uns bis zum Abend. Jede von uns hat jetzt ihre Behandlungstermine. Die junge Praktikantin von der manuellen Therapie gibt sich wieder große Mühe. Sie erzählt mir, dass es gar nicht so leicht ist, etwas anders als die anderen zu sein. "Immer will man mich in die Norm ziehen, will, dass ich bin wie alle anderen!" Ich kann die junge Frau so gut verstehen und rate ihr, auf ihrem ureigensten Weg zu bleiben. Koste es was es wolle. Anschließend ruhe ich auf einer grünen Liege im Thermalbereich aus und bereite mich innerlich auf das Zusammentreffen mit Georg vor.

Allerlei Gedanken und Gefühle durchziehen mich. Gehört er zu einer längst vergangenen Zeit? Warum treffen wir hier aufeinander? Was haben wir uns mitzuteilen? Fragen ohne jede Antwort. Damals, ich war so begeistert von Georg, wollte ich werden wie er. Ich bin es nicht geworden. Ich wurde ich selbst. Das Leben, unser Karma, Schicksal oder der liebe Gott, egal wie wir es nennen, lässt uns in verrücktesten Situationen erkennen, wo es sinnvollerweise mit uns langgehen könnte. Meine Berufswahl habe ich nie bereut. Einigen Menschen passte das gar nicht. Es war nicht leicht, dies erfolgreich durchzusetzen. Nur man selbst kann spüren, was der richtige Weg ist. Und ich mache mich jetzt auf den Weg zu unserem Treffpunkt. Irgendwie muss ich mich innerlich verkrampft haben, denn der Weg zu meinem Zimmer gestaltet sich mühevoll. Ich wähle einfache Kleidung. Dann begebe ich mich zu meinem Fahrrad. Mona und Angelika kommen mir entgegen. "Na, auf dem Weg zum Rendezvous?", kommt es aus der Münchener Ecke. "Deern, du siehst gar nicht erotisch aus!" schimpft es aus der freien Hansestadt Hamburg. Stimmt, ich habe mich nicht schön gemacht. Das Gespräch mit Dieter aus Thüringen fällt mir ein. Ich habe die richtige Kleidung an, soviel steht für mich fest. Doch was geht das die beiden an? "Ihr habt ja noch Zeit, mich zu erziehen", sage ich lachend und gehe langsam weiter. "Beim Abendbrot gibt's den Bericht!", ruft Angelika mir hinterher.

Auf meinem Fahrrad fühle ich mich wieder sicherer. Ich amüsiere mich köstlich über meine beiden weltoffenen Tischdamen. Mal sehen, was für eine Story ich ihnen auftischen werde. Mit Sicherheit nicht die wahre Geschichte. Langsam radle ich durch diese Zaubergegend. Die Nachmittagssonne scheint warm. Frühlingsblumen grüßen am Wegesrand, überall das wundervolle Maiengrün. Die Kirchturmspitze ist schon zu sehen. Ob Georg da sein wird? Er ist sehr zuverlässig, eine Eigenart, die ich schätze. Ein junges Kätzchen überquert meinen Weg. Ich halte an, beginne zu locken. Voller Neugierde kommt das Kleine näher und lässt sich sofort streicheln.

Wie zutraulich so kleine Tiere oft noch sind. Ich bin begeistert. Das Tierchen schnurrt und legt sich auf seinen Rücken. Ich tätschle den kleinen weichen Bauch. So in der Hocke merke ich, dass mir mein Rücken ziemlich weh tut. Auch mein Bein geruht zu schlafen! Warum verspanne ich mich nur so? Die kleine Katze zieht ihrer Wege. Mit solchen Problemen hat sie nichts zu tun. Tiere leben ihr wahres Naturell! Warum bin ich verspannt, wenn ich mich mit Georg treffe? Ich radle sehr langsam und denke nach. Ein Einfall scheint die Antwort zu sein.

Als ich Georg kennenlernte, war ich noch oft beim Spielen von allerlei Rollen. Die elegante, junge Lady. Das Girl, mit dem man Pferde stehlen kann und der kaum etwas was ausmacht. Auweia, meine verletzliche Seite habe ich stets versteckt gehalten! Und Georg mochte immer das Unerschrockene an mir. Problembeladene Menschen hatte er von Berufs wegen ja genug. Mir dämmert, warum ich verspannt bin. Etwas in mir will keine Rollenspiele mehr liefern. Manchmal, im Laufe der Jahre, habe ich versucht, Georg mit Problemen zu kommen. Er hat höflich zugehört, aber ich habe immer gemerkt, dass es ihn nervt. Er mag das Fröhliche und Unbeschwerte an mir. Mir ist nach Heulen zumute. Dieser Einfall war ein Volltreffer! Vor der Kirche steht Georg. Keine Zeit zum Abtrauern! Georg ist 18 Jahre älter als ich. Er ist groß und sieht gut aus. Seine vollen Haare schillern im Sonnenlicht. Er scheint in Gedanken versunken. Noch mit etwas Abstand steige ich vom Fahrrad. "Hallo Georg, ich bin da!" Langsam gehe ich auf ihn zu, schiebe mein Rad.

"Mensch Mädel, ich dachte mir schon, dass du mit einem Fahrrad kommst!" Er geht mir entgegen. "Ich habe mir schon ein gutes Cafe für uns ausgeguckt." Jetzt steht er vor mir, nimmt mich in den Arm, gibt zur Begrüßung ein Küsschen auf die Wange. "Was hältst du von dem Cafe?"

Er zeigt neben die Kirche. So war Georg immer, voller Tatendrang und Management. "Georg, schön dass du da bist!" Ich habe das Gefühl, als ob er gerade erwacht. "Ja natürlich, auch schön, dass du da bist." Er zieht mich in Richtung Cafe. Außer einem einzelnen Herrn gibt es keine Gäste. Die Kaffeezeit ist auch vorbei. Wir setzen uns in eine Ecke. Georg studiert die Speisekarte, sucht sich eine Kleinigkeit zum Essen. "Ich habe heute noch gar nichts gegessen. Musst schon entschuldigen. Du bekommst ja sicher reichlich in deiner Klinik." Dann erzählt er von seiner Fahrt hierher und dass sein Appartement auch wieder gut sei. Anschließend kneift er mir väterlich in meine Wange und sagt: "Na und du?" Ich erzähle ohne jede wirkliche Lust. Denn ich habe das Gefühl, er hört nicht wirklich zu. Georg stellt keine einzige Frage. Ich fasse mich sehr kurz. Dann will er wissen, wann wir uns immer treffen und ob wir am Wochenende eine lange Autotour oder lieber eine Bootsfahrt machen.

"Georg, ich bin hier in einem Krankenhaus!" "Aber du kannst doch raus!" Ich erkläre ihm, dass ich meistens nur sehr beschwerlich gehen kann und außerdem gesund werden möchte. Dann falle ich, ohne Übergang, in mein altes Verhalten: "Aber einen Ausflug können wir am Sonntag doch machen. Ich bin für die Bootsfahrt." Georg ist zufrieden. So kennt er mich, so mag er mich. Wir plaudern noch über belangloses Zeug und verabreden uns für das Wochenende.

CHANCEN NUTZEN

Beim Abendbrot fallen Mona und Angelika gleich über mich her: "Deern, wie war dein Rendezvous ?" "Geh, erzähl schon, i platz vor Neugierde!" Ich bin noch ziemlich durcheinander und ringe nach einer Story, die die beiden zufriedensteilen könnte. Erst vor einer dreiviertel Stunde haben Georg und ich uns verabschiedet. Mir dämmert, dass ich in mein altes Verhalten zurückgefallen bin, und das muss ich erst verdauen. "Es war super, wir haben uns gut unterhalten und für Sonntag zu einem Ausflug verabredet."

Mehr fällt mir nicht ein. "Geh, da führst' uns den Herren aber mal vor, gell?" Mona will es wissen. "Er holt mich um 10 Uhr von der Klinik ab. Ihr könnt gerne kommen, ich werde ihn euch vorstellen." "Nee, Deern, das ist mir peinlich. Ich werde einfach so rumlaufen und gucken." Ich sage den beiden, dass sie machen sollen was sie möchten. "Richtig glücklich wirkst du aber nicht", stellt Angelika noch fest, und Mona nickt zustimmend mit ihrem Kopf. "Georg ist auch kein Mann zum Glücklich machen", sage ich und schaue die beiden an. Dieter kommt und sieht sehr müde aus. Wir wechseln das Thema, reden über seine Probleme. Er ist hier zur Kur und hat gehofft, dass es ihm anschließend besser gehen wird.

Er wird seinen Busfahrerjob nicht länger ausüben können. Das lange Sitzen am Steuer bereitet ihm unerträgliche Rückenschmerzen. Er weiß nicht, wie es mit ihm weitergehen soll. Ich würde ihm gerne helfen. Doch wer sich nicht beizeiten selber zu helfen gelernt hat, für den kann es eines Tages zu spät sein. Dieter tut mir ehrlich Leid. Etwas bedrückt nehmen wir unser leckeres Essen zu uns. Ich frage Dieter, ob er mit uns Rad fahren mag. "So'n Kram macht mal allein!" Keine von uns schafft es ihn aufzumuntern. Später treffen Angelika, Mona und ich uns vor dem Eingang unserer Klinik. Wir schließen unsere Fahrräder los und radeln weg. Es ist ein wunderbarer Maienabend. Gelbe Rapsfelder, fette Löwenzahnstauden, maiengrünes dickes Gras, zauberhafte Blumenwiesen. "Geh, da möcht' man, wenn man könnt'...", gibt Mona ihre Gefühle preis. "Ich könnt' immer!" sagt Angelika. "Aber mein Alter will nicht mehr." Ich kenne diese Geschichte inzwischen gut. Das Übliche: Neue Freundin, Ausreden, Trennung, Dramen. Ich bin froh, von solchen Problemen verschont zu sein. Das Radeln tut mir gut, ich merke Entspannung. Überschwänglich sage ich: "Mädels, jetzt möchte ich mich mit meinem Chinesen treffen!" Mona und Angelika lachen und finden diesen Wunsch ganz normal. Wir radeln nebeneinander, der Feldweg reicht gerade aus. Rechts und links satte Wiesen. Allerlei Getier brummt und summt, spielt in der Abendsonne über Feldblumen die Melodie der Schöpfung. Ein gelber Schmetterling flattert fröhlich an meiner Nase vorbei. "Liebster Gott, ich danke dir von Herzen für diesen Tag, für diese Zeit, für..." Fast hätte ich gebetet:"...für diesen Bandscheibenvorfall"! Ich fühle mich so frei beschwingt, so wunderbar. Inmitten dieser

Gefühle fällt mein Blick auf einen Mann, der, tief in der schönsten Blumenwiese stehend, am Pflücken irgendwelcher Pflanzen ist. Mir stockt der Atem. Mein chinesischer Arzt! "Kinder, da ist er...!" Ich sage es leise, aber eindringlich. Mona und Angelika halten augenblicklich an. "Deern, du phantasierst!" Wie benommen antworte ich: "Er ist es wirklich. Mädels, er ist es leibhaftig!" Mona, die die meisten chinesischen Ärzte kennt, sagt: "Geh, das ist ja wie im Kino!" Lung Sheng hat uns bemerkt und winkt heftig mit beiden Armen. Dann bahnt er sich einen Weg durch die Büsche von Blumen und Gräsern.

Ich habe das Gefühl, als bliebe mein Herz stehen. Vor Schreck möchte ich weglaufen. In meinem Kopf fährt etwas Karussell. Doch schon steht er vor mir. In seiner linken Hand hält er ein dickes Bündel frischer Löwenzahnblätter. "Sie schnell fahren mit Rad, müssen ganze langsam!" Er streckt mir die freie Hand zum Gruß hin und lacht. Ich bekomme keinen Ton heraus, reiche auch meine Hand. Einen kleinen Augenblick gucken wir uns tief in die Augen. Mit Sicherheit werde ich rot. Angelikas Mund steht leicht offen, so sehr ist sie am Staunen. Mona strahlt, als wäre sie Zeugin eines Melodrams. Ich stelle die beiden vor: "Das sind die Damen, mit denen ich im Speisesaal an einem Tisch sitze." Lung Sheng begrüßt jede mit Diener und Handschlag. Angelika stottert, dass sie aus Hamburg komme. Mona sagt nur ihren Namen. Er wendet sich wieder zu mir. "Gute, dass Rad fahren. Jetzte aber vorsichtig, weil..." Er fasst ganz ungeniert an meine Lendenwirbelsäule. Er tut es ein bisschen länger, als es nötig gewesen wäre.

Ich atme tief durch und fühle mich in jeder Hinsicht berührt. Vor Verlegenheit sage ich: "Na, dann fahren wir mal weiter." Ich muss das Erlebnis erst mal verdauen! Mona will mich auf etwas hinweisen. Sie verdreht ihre Augen so auffällig, dass ich überlege, was sie meint. Ach, ich habe wirklich etwas Wichtiges zu fragen vergessen. "Wohnen Sie hier in der Nähe?" Mona schaut wieder normal. Lung Sheng strahlt auf. "Ja, an Kirche." Er weist in Richtung Kirchturmspitze hinter uns. Für diese Information bin ich dankbar. Ich freue mich über Monas hinweisenden Blick. Wir geben uns alle höflich die Hand. Dann steigen wir drei Frauen auf unsere Räder und fahren los.

"Und gaanze vorsichtig!", ruft er noch hinterher. Schweigend radeln wir bis um die nächste Ecke. Außer Sichtweite halten wir an und schnattern aufgeregt los. "Geh, hast du ein Glück, das möcht' i auch mal haben!" sagt Mona. Angelika meint, "Das ist ja wirklich ein echter Chinese, hätte ich nicht gedacht!" Ich selbst bin so begeistert, dass ich die beiden nacheinander umarme und ausrufe: "Mädels, bin ich verliebt!" "Also, wie der dich angeschaut hat, würd' i sagen, der mag di' auch!" Mona sagt etwas Segensreiches. Ich bin überglücklich! Ich umarme sie noch einmal. "Morgen Abend fährst du hier allein her, und an der Kirche guckst du dich ein bisschen um!" Mona gibt Hilfestellung für normales Verhalten. Ich bin ihr dankbar, habe aber vor Angst einen Kloß im Hals.

Wenn Wünsche in Erfüllung gehen... Wo ich doch so gerne im Traumland lebe! Die Sonne steht schon tief, wir beschließen umzukehren. Von weitem schon erkenne ich Lung Sheng auf unserem Feldweg. Er ist nicht allein. Neben ihm geht eine schlanke Chinesin, die in seinem Alter sein wird. Mein Kloß im Hals wird noch dicker, Tränen schießen in meine Augen. So ein Mist, das hätte ich mir denken können! Er ist natürlich verheiratet. Gleich werden noch seine Kinder angerannt kommen! Zu Mona und Angelika sage ich: "Bitte fahrt weiter, wir tun so, als hätten wir es sehr eilig!" Wir treten mächtig in die Pedale. Lung Sheng muss uns gehört haben. Er dreht sich um und stellt sich blitzschnell mitten in den Weg. Wir müssen anhalten.

Die Frau und er haben jeder einen Buschen Löwenzahnblätter in der Hand. Ich wische mir schnell über die Augen. Mein Arzt weist auf die Chinesin neben sich. "Das ist Professore aus Klinik." Er sagt einen, für mich, unverständlichen Namen. Mona, Angelika und ich reichen Frau "Professore" höflich die Hand. Keine von uns sagt einen Ton. Eine Kollegin aus der Klinik. Damit kann ich nicht konkurrieren! Ich schlucke und versuche meinen Kloß im Hals loszuwerden. Lung Sheng guckt leicht irritiert. Dann sagt er erleichtert, als fielen ihm Schuppen von den Augen: "Dasse ist Kollegin, nur Kollegin aus Klinik." Das "nur" betont er und schaut mich dabei bedeutungsvoll an. Mir fällt ein ganzes Bergmassiv vorn Herzen, und ich gucke vermutlich so erleichtert wie damals bei Dr. Stahlmann, als ich erfuhr, dass ich "nur" einen Bandscheibenvorfall habe. Jetzt brauche ich wirklich Zeit für mich. Das muss alles erst mal verdaut werden! So was von tollem, unneurotischem Verhalten, das trifft man selten. Viele Männer hätten die Gelegenheit genutzt, mich in Eifersucht zu wissen, um ihre Machtposition auszunutzen. Lung Sheng ist also anders. Und dieses "Anders" gefällt mir ausgesprochen gut. Wir verabschieden uns voneinander. Lung Sheng guckt mich warm an. "Bisse morgen!" Dann steigen Mona, Angelika und ich auf unsere Fahrräder und radeln schweigend weiter. Nach einer Weile sagt Mona: "Geh, das ist ja ein Melodram." Angelika findet, dass ich ausgesprochen Glück hätte. "So müsste mein Alter sich verhalten, das wär was.. !", setzt sie noch hinzu.

Lung Sheng hat sich wirklich äußerst einfühlsam verhalten. Ich bin sehr angetan von ihm. Keine "Spielchen", wie sie in ähnlichen Situationen leider möglich sind. Mona und Angelika schmieden Pläne, wie es mit uns beiden weitergehen sollte. Ich höre ihnen zu und amüsiere mich über ihre Phantasien. Mona träumt von einem Melodram mit "Happyend". "Geh, i werd' eure Trauzeugin." Für sie ist das glückliche Ende einer Liebesbeziehung die Ehe. Für mich auch; darum habe ich nie geheiratet. Angelika denkt über das Mischlingskind nach. "Deern, ich mach die Taufpatin", bietet sie großzügig an. Aus ihrer eigenen Ehe entsprangen zwei Kinder. Ein Junge und ein Mädel. "Aber so ein Chinesenkind hätte ich nicht gewollt!" Sie zieht mit der einen Hand die Haut ihres linken Auges zum Schlitz, die andere Hand braucht

sie zum lenken. Mona ermahnt sie lachend, sich anständig zu benehmen. Wir erreichen unsere Klinik und verabschieden uns zur Nachtruhe. Mona ruft mir noch hinterher: "I beneid' dich so!" Ich bin allein mit mir und meinen Gedanken. Endlich Zeit zum Verdauen. "Was sagst du zu diesem Zusammentreffen?", frage ich meine Bandscheibe, die sich bestmöglich verhält. Vor meinem geistigen Auge erscheint ein kleiner, zufriedener Igel. Er wirkt ganz normal und gesund.

Dieses Bild trifft auch meine momentane Befindlichkeit. Ich bin froh, nicht weggelaufen zu sein, froh, eine Chance genutzt zu haben. Das war ein "Silbertablett", das ich genommen habe. In meinem Zimmer zünde ich mir eine Kerze an und lege mich auf die schöne Recamiere. Der Fernseher bleibt heute aus. Gott sei Dank ist es auch bei den Nachbarn ruhig. Was war das heute für ein langer, aufregender Tag! Durch wie viele unterschiedliche Gefühle ich gegangen bin. Das Treffen mit Georg und Stunden später, ganz in der Nähe, das Zusammentreffen mit meinem chinesischen Arzt. Bei Georg bin ich in mein altes Verhalten gefallen, bei der Begegnung mit Lung Sheng habe ich die Chance, mich vielleicht neu ausprobieren zu können, genutzt. Zufrieden mit mir gehe ich schlafen, morgen ist ein neuer Tag.

LEBEN NEU BEGINNEN

Eine Nacht mit wilden Träumern liegt hinter mir. Wenn Kinder sich Stückchen für Stückchen erweitern, sind sie noch sehr elastisch. In meinem erwachsenem Alter sieht das schon anders aus. Das gestern Erlebte zurrt gewaltig an meinen alten Einstellungen! Im Aufwachen ist mir sofort alles eingefallen. Jetzt liege ich in meinem Bett, blinzle in die Sonne und denke nach. Das Bild von Lung Sheng in der üppigen Blumenwiese zieht wie ein Film an mir vorbei. Was für ein schönes Erlebnis! Nur, wie soll es weitergehen? Was heißt hier "soll"!? Ich bin doch dabei eine neue Haltung zu üben. Und die heißt: In der Gegenwart leben und "echt" sein. Also darf ich mir keine Gedanken machen, sondern muss schauen, wie sich die Dinge in der Gegenwart entwickeln. Trotzdem habe ich ein flaues Gefühl im Magen.

Ob ich mal bei Georg anrufe? Er würde sich sicherlich freuen. Neben meinem Bett steht das Telefon. Ich suche mir die Nummer raus und rufe sofort an. Nach kurzem Tonzeichen meldet er sich. "Hallo, Georg, hast du gut geschlafen?" Georg freut sich, meine Stimme zu hören. "Na, hast du Sehnsucht nach mir?", kommt es fröhlich aus dem Hörer. Ich würde Georg so gerne die ganze Geschichte erzählen, verkneife mir aber jedes Wort. Ich will meine Gefühle nicht wegplaudern, sondern erleben, verdauen und angemessen einordnen. Darum gehe ich auf seine Frage ein und sage: "Ja, ganz fürchterliche Sehnsucht!" Wir wissen beide, dass das nur Spaß ist.

Georg erzählt, dass er gestern noch einen langen Spaziergang gemacht hat und was er im Fernsehen geguckt hat. Er freut sich schon auf unseren Ausflug, und jetzt muss er zu seinem Arzt. Nach diesem Telefonat geht es mir besser. Ein bisschen "altes Leben", nach so viel "neuem Leben", möchte ich mir schon erlauben! Vermutlich liegt das Geheimnis eines gelungenen Lebens genau in der Ausgewogenheit zwischen "alt" und "neu". "Was sagst denn du dazu?", frage ich meinen kleinen Igel. Es dauert eine Weile bis ein Bild erscheint: Mein Igelchen hält eine kleine Waage in der Hand und freut sich. Ich bin begeistert! Gut gelaunt gehe ich zum Frühstück. Mona, Dieter und Angelika scheinen noch zu schlafen oder haben Behandlungstermine. Es ist noch ziemlich früh. Trotzdem steht mein Dinkelbrot schon auf dem Tisch. Ich esse zwei Scheiben und stelle die restlichen an Monas Platz. Mein Akupunkturtermin ist erst später.

Bei diesem Gedanken erheben sich Schmetterlinge im Bauch. Lass sie flattern, sage ich mir, bin aber trotzdem ziemlich durcheinander. Ich beschließe, ein bisschen Rad zu fahren und mir den Ort anzusehen. Die Schmetterlinge fliegen mit! Überall sind Geschäfte und Cafes. Was habe ich in diesem quirligen Ort zu suchen? Die Schmetterlinge sind weg, mir ist "flau" im Magen! So radle ich noch ein wenig und kehre dann um. Ich werde noch ein bisschen an meiner Inventur arbeiten. Vor der Klinik stehen einige Leute und rauchen. Ich schließe mein Fahrrad an und gehe in mein Zimmer. Auf dem Balkon mache ich es mir bequem. Die Sonne wärmt wundervoll, das

Rapsfeld leuchtet, Vögel zwitschern. Ja, so liebe ich die Welt! Mein Bein ist wieder doll taub. Ich lasse mich an der Balkonwand etwas aushängen. In den Wirbeln knack es hörbar. Auf dem Fahrrad und im Sitzen tut selten etwas weh. Wenn ich gehe oder liege ist das anders. Ich bin inzwischen an diese Schmerzen gewöhnt. Allerdings haben sie sich erheblich verändert. Es tut nicht mehr so stechend weh. Die gute Behandlung zeigt ihre Wirkung! Ich hole mir mein Inventurheft und lese mir durch, was ich bis jetzt aufgeschrieben habe. Dann beende ich meine Bestandsaufnahme.

Man kann nicht wirklich neu beginnen, wenn das Alte nicht abgeschlossen und eingeordnet ist. Ich bin froh, dass ich inzwischen so viel zusammengetragen habe, dass ich jetzt in der Gegenwart angekommen bin. Zum Schluss lese ich mir die Gesamtübersicht noch mal durch. Da habe ich die wichtigsten Eckpfeiler meines Lebens, mit Jahreszahlen versehen, untereinander aufgelistet: Geburt, Taufe, Einschulung, Kinderkrankheiten, Schulkarriere, Ausbildungen, Examen, Umzüge, Todesfälle, wichtige Reisen, das Kennenlernen von wirklichen Freunden, politische Exzesse, wie der Bau und der Fall der Berliner Mauer, Krankheiten und bedeutsame Einfälle, die mein Leben beeinflusst haben. Ich freue mich, dass ich mit meiner Inventur fertig bin und kann jetzt das schöne Heft weglegen. Das merkwürdig flaue Gefühl in meinem Magen ist verschwunden. Ich fühle mich wohl. So langsam wird es auch Zeit, mich auf den Weg zur Akupunktur zu machen. Ich lasse mein Fahrrad angeschlossen und gehe gemächlich zu den Räumlichkeiten der Chinesen. Unterwegs begegne ich Dr. Yun. Der chinesische Chefarzt erkennt mich und spricht mich an. "Wie ist es Ihnen ergangen, welche Behandlungen bekommen Ihnen besonders gut?" Ich erzähle von der begabten Praktikantin aus Thüringen, die bei ihm Fortbildungen absolviert.

Dr. Yun weiß sofort, von welcher Frau ich rede und freut sich sehr. "Über diesen Weg kommt mein Wissen zu Ihnen. Das ist gut." Er strahlt über sein ganzes Gesicht. Dann reicht er mir warm die Hand und geht seiner Wege. Ich bin sehr bewegt von dieser einfachen, geradlinigen Art. Lung Sheng verhält sich wie immer. Keine erkennbare Regung, die auf besondere Gefühle für mich hinweisen könnte. Ich bin ein wenig enttäuscht, lasse mir aber nichts anmerken. Wie immer fragt er nach meinem Befinden: "Wie gehte es Ihnen diese Tag?" Ich sage, dass es mir schon etwas besser geht, mein Bein aber noch taub sei. In mir drin überlege ich, ob ich noch verliebt bin. Alles fühlt sich so normal an. "Gute, dasse so geht", sagt er. Als ich liege beginnt er mit der Akupunkturbehandlung. Alles verläuft wie schon gewohnt. In der Ruhezeit ermahne ich mich noch mal, mit meiner Aufmerksamkeit in der Gegenwart zu bleiben, nichts zu hoffen, nichts zu wollen. Das ist wirklich schwer einzuhalten, wenn man es anders gewöhnt ist!

Die Tuina-Behandlung verläuft gemäßigt. Lung Sheng wirkt etwas abgespannt. Er war schon vitaler, dann war es auch die Art der Behandlung. Ich mag es, wenn er bestimmte Punkte an den Ellenbogen drückt. Dann spüre ich Energien fließen, und es fühlt sich an, als erweitere sich meine Lebenskraft. Zum Schluss zieht er mir jeden Finger einzeln lang, schüttelt etwas Unsichtbares durch die Luft fort und ist sichtlich zufrieden. "Jetze anziehen!", befiehlt er und bleibt im Raum. Das hat er sonst nie gemacht. Als müsse er Akupunkturnadeln sortieren oder Schröpfgläschen putzen, hantiert er an dem Tischchen herum. Ich bin fertig angezogen, drehe mich zu ihm und reiche zum Abschied die Hand. Ich bin ganz in der Gegenwart! “Seien heute abend wieder an Wiese? Ich gucken." Er hält meine Hand fest, spricht leise. Mein Herz schlägt laut. Himmel, bin ich aufgeregt! Spontan sage ich: "Ja, das bin ich." Er lässt meine Hand los, sagt: "Bisse heute abend." Dazu lächelt er nett und zugewandt. Dann verlässt er den Raum. Ich setze mich erst noch mal hin. In mir schwirren lauter merkwürdige Gefühle. Ich bin so durcheinander, dass ich gar nicht bewusst und klar gegenwärtig den Weg in mein Zimmer finde. Irgendwann bin ich da. Unruhig lege ich mich auf die Recamiere, versuche Gedanken und Gefühle zu orten. Heute Abend. Wann denn eigentlich? Oh Gott, ich bin so verunsichert! In der Gegenwart dieses innere Durcheinander zu erleben, ist wirklich abenteuerlich! Wie habe ich so was denn sonst erlebt, frage ich mich.

Ich bin in Rollenspiele geflüchtet, habe die Gefühle negiert oder relativiert. Manchmal habe ich sie mit einer guten Freundin zerredet. Es gibt viele Möglichkeiten, Gefühle nicht live erleben zu müssen. Manche trinken dann ein Gläschen, andere rauchen oder setzen andere

Betäubungsmittel ein. Gut, ich versuche mein Leben neu zu beginnen, und jetzt gerade erlebe ich starke Gefühle live. Das ist ja wie "Abschmerzen" rückwärts, geht mir durch den Kopf. Das eine live rauslassen, ein anderes Mal etwas live reinlassen. Ich bin zufrieden mit mir und lasse die Gefühle toben. Darüber schlafe ich ein. Zum Mittag wache ich auf. Ich fühle mich gut und stehe gleich auf, um meinen chinesischen Tee zu brühen. Wie anders das Leben in der Gegenwart ist! Ich gehe früh in den Speisesaal, will Mona und Angelika unbedingt treffen. Dieter sitzt schon am Tisch. Er sieht blass aus. Sein Aufenthalt geht mit großen Schritten dem Ende zu. Er erzählt mir noch mal, wie schrecklich unsicher seine Zukunft sei. Im Inneren schäme ich mich ein bisschen.

Wie gut es mir geht, trotz Bandscheibenvorfall! Mona und Angelika kommen, winken schon von weitem. "Hast du dich mit deinem Chinesen verabredet, erzähl!" Mona ist nicht zu bremsen. Dieter verdreht seine Augen, steht auf und geht. Er hat nur einen Salat und Suppe gegessen. Angelika sagt: "Leute, jetzt haben wir den Jungen vergrault!" Sie lacht dabei zufrieden, scheint zur Zeit nicht gut auf Männer zu sprechen zu sein. Na ja, ihre Ehe... Ich erzähle den beiden, was war. Von der "neuen" Gegenwart erzähle ich nichts. "I sag ja, ein Melodram!", ruft Mona entzückt. "Deern, bei dem mach' dich aber hübsch!", befiehlt Angelika fachfraulich. Mir wird's im Brustraum eng. "Aufregung gehört zum ersten Rendezvous", erklärt mir Mona, als wäre es die neueste Nachricht. Ich bin ihr dankbar, denn ich hätte das wirklich vergessen. Die beiden geben sich echte Mühe mich zu entwirren. Ich kann sie davon abhalten, nicht auf "Peilposten" zu gehen, muss aber versprechen, genau zu berichten. Ich frage die zwei, was sie meinen, wann ich zur Wiese gehen sollte. "Na, gleich nach dem Abendbrot." Sie sind sich ganz sicher. Ich bin froh, dass unser Essen kommt. Ich habe mir für heute einen vegetarischen Gemüseauflauf bestellt, der sehr gut aussieht. Nachdem wir unser Essen genossen haben, macht sich jede von uns auf den Weg zu den jeweiligen Behandlungen. Ich verdaue in meinem Zimmer Essen und Vorschläge und gehe dann zur Massage.

Heute behandelt mich eine andere Dame. Sie fragt wie ich liegen kann, holt sofort eine große Rolle und massiert sehr gut. So unterschiedlich kann es hier zugehen! Später habe ich noch meine Fangopackung. Auch hier ist heute alles angenehm. Ob das an meinem "in der Gegenwart sein" liegt?, frage ich mich. Vielleicht empfindet man da anders, weil man nichts erhofft, keine Wünsche hat, einfach so schaut, was da kommt. Später, auf der Liege im Thermalbad, beobachte ich einfach Menschen. Es fällt mir nicht leicht, in der Gegenwart zu bleiben. Immer wieder wollen Gedanken an Vergangenes oder an heute Abend gedacht werden. Ich gebe mir Mühe, sie weiterziehen zu lassen und so das "neue Leben" einzuüben. Natürlich muss ich auf Uhrzeiten und Termine achten und mich erinnern. Aber die vielen überflüssigen Gedanken, Befürchtungen und Rollenspiele müssen nicht mehr sein!

EIN RENDEZVOUS

Vor Aufregung versäume ich fast mein Abendbrot. Um mich abzulenken, habe ich mir einen Kinderfilm im Fernsehen angeschaut. Nun muss ich mich beeilen, noch Essen zu bekommen. Meine drei Tischgenossen sind nicht mehr da, ihre Teller stehen benutzt an ihren Plätzen. Die Bedienung ist freundlich und bringt mir gleich mein warmes Essen: Vollkornspaghetti mit Olivenöl und Shiitake-Pilzen. Ich bin so nervös, dass ich mir etwas Öl über meinen Pullover kleckere! Schade, den wollte ich zu meinem Rendezvous anbehalten.

Vielleicht hat der liebe Gott etwas dagegen, dass ich mit meinem alten Schlabberpulli zu der Verabredung mit meinem chinesischen Arzt gehe? Doch vermutlich passen solche Ansinnen eher zu Dieter, der mir mitteilte: "Das Auge isst mit." Bei diesen Gedanken ermahne ich mich, in der Gegenwart zu bleiben und meine leckeren Spaghetti zu genießen. Es will mir nicht gelingen. Was möchte ich eigentlich von Lung Sheng? Bin ich überhaupt noch verliebt? Das einzige Gefühl, das ich orten kann, ist tiefste Nervosität. Und ob ich etwas von Lung Sheng möchte, weiß ich momentan nicht. Ich hätte gern, dass er mir hilft gesund zu werden. Meinen Nachtisch lasse ich stehen, ich kriege keinen Bissen mehr runter! Auf dem Weg in mein Zimmer merke ich ziemliche Verspannungen, meine Bandscheibe "ziept" etwas.

Mein Gott, mein kleiner Igel! "Wie geht es dir?", frage ich aufgeregt nach. Augenblicklich erscheint das

Bild eines aufrecht stehenden Igels in lässigen Hosen vor mir. Er pfeift ein Liedchen und wirkt wesentlich ruhiger als ich! Sollte mein Innerstes klüger sein und mir ein Signal geben wollen? Diese Gedanken lenken mich von meiner fürchterlichen Unruhe ab. Ich mache mich nicht schön, auf gar keinen Fall! Mit dieser Entscheidung fühle ich mich wohler. In meiner Lieblingshose fühle ich mich frei und sicher. Den alten Pulli tausche ich gegen einen ähnlichen um. So angezogen geht es mir ein bisschen wie dem aufrechten Igelchen in mir! "Verkleidet", um gut anzukommen, habe ich mich jahrelang. Ich will authentisch sein. Ich öffne die Balkontür meines schönen Zimmers. Draußen ist es schwül und der Himmel hängt voller Wolken. Es sieht nach Platzregen und Gewitter aus!

Irgendwie ist mir das recht. Bei Regen fällt die Verabredung ins Wasser, sage ich mir. Doch wer eine neue Haltung erlernen will, sollte sich auf die gereichten "Silbertabletts" des lieben Gottes einlassen. "Weglaufen vor der Situation gibt es nicht!", sage ich laut in den Raum. In mir drin macht mein kleiner Igel eine Siegesgeste. Er steht noch immer aufrecht und hebt beide Pfoten mehrfach hoch. Ich bin begeistert! Es wird spät und später. Es wäre gemein von mir, Lung Sheng warten zu lassen. Für meine "Macken" darf ich nicht andere strafen! Also beeile ich mich. Das Wetter irritiert mich sehr. Platzregen, Fahrrad und mein Bandscheibenvorfall wollen nicht so recht zusammenpassen. Mein Auto fällt mir ein. Seit ich hier angekommen bin, parkt es unter einer inzwischen blühenden alten Kastanie. Wie ich gestern gesehen habe, ist es über und über mit Blüten bestreut. Ich nehme mir vor mit dem Auto zu fahren. Gleich fühle ich mich viel sicherer. Ich mache mich auf den Weg. Mein Wagen ist nicht nur mit vielen rosa Blüten bestreut, sondern auch mit dickem Staub versehen. Ich muss es erst davon befreien!

Beim Einsteigen merke ich, dass ich noch ziemlich behindert bin. Es ist gar nicht leicht, halbwegs schmerzfrei Platz zu nehmen. Am Steuer meines Autos fühle ich mich richtig wohl. Gut, dass ich meiner Idee gefolgt bin. Ein bisschen fühle ich mich wie eine Schildkröte, die sich in ihren Panzer verkriecht. Langsam fahre ich in Richtung der kleinen Kirche, um Lung Sheng an besagter Stelle zu treffen. Zu Beginn des Feldweges steht ein Verkehrsschild, dass nur dazu befugte Personen diesen Weg befahren dürfen! Es ist nur ein kleines Stückchen bis zu der Stelle, wo wir uns gestern trafen. Ich brauche meinen "Panzer" und beschließe das Schild zu ignorieren. Schon von weitem sehe ich Lung Sheng auf einer Bank sitzen. Ein Fahrrad steht angelehnt. Auf dem Gepäckträger sehe ich eine dicke, weiße zusammengerollte Decke. Es wirkt wie eine Bettdecke! Mir stockt der Atem. Ich bin dem lieben Gott für den Einfall, mit meinem Auto zu fahren, unendlich dankbar.

Ein verliebtes Gefühl spüre ich jetzt nicht. Ich fahre auf die Bank zu. Zwei Meter vor Lung Sheng halte ich an und bleibe am Steuer sitzen. Lung Sheng schaut erstaunt auf das Auto und steht langsam auf. Dann kommt er an das Seitenfenster. Ich bin so verunsichert, dass ich meine Sonnenbrille auf lasse. Es dauert eine Weile bis Lung Sheng mich erkennt. "Hallo, isse Ihre Auto?", fragt er und guckt wie ein erstaunter, kleiner Junge. Ich fühle mich sicherer und nehme meine Brille ab. Dann steige ich aus und wir reichen uns zur Begrüßung die Hände. "Setzen auf! Bank", schlägt er vor. Er lässt mich Platz nehmen und setzt sich ganz nah neben mich. "Isse Ihre Auto?", fragt er noch einmal. "Ja, ich hatte Bedenken wegen des Wetters, darum habe ich mein Fahrrad bei der Klinik gelassen." Ich glaube, er versteht mich nicht.

Er guckt mit großen Augen auf das Auto und fragt ganz schlicht: "Was kosten Auto?" Ich sage die Summe und wache gleichzeitig zur Wirklichkeit auf. Das Melodram hat erst mal Pause. Er steht auf, umkreist das Auto und guckt in alle Fenster. Dabei hat er ein erstauntes Gesicht. Dann setzt er sich wieder zu mir. Er scheint keinerlei Berührungsängste zu haben. Ich frage, seit wann er in Deutschland ist. Erst wenige Monate! "In Peking im Krankenhaus gearbeitet. Große Haus!" Er macht eine weit ausladende Geste mit seinen Armen. "Dr. Yun mich holen nach Deutschland. Isse gute Arzt." Er erzählt von Armut in China, vielen tausend Fahrrädern in der Großstadt, von seinem erwachsenen Sohn und seiner Frau, von der er getrennt lebt. "Darum können gehen nach hier." Er lacht mich sehr nett an. Ich spüre tiefe Wärme. "Wollen gucken Appartement?" Er weist mit seinem Kopf in Richtung Kirche. Ja, ich möchte gerne sehen, wie er hier lebt. Ich nicke mit meinem Kopf. "Fahren mit Auto hinter Fahrrad." Er steht auf, steigt auf sein Rad und fährt los. Ich steige in mein Auto. Es geht diesmal leichter, ich bin nicht mehr so verkrampft. Dann fahre ich ihm hinterher. Ich bin ganz bei mir und wach für die Gegenwart. Wir fahren ein Stückchen. Hinter der Kirche stehen viele Einfamilienhäuser. Es ist eine hübsche Gegend. Vor einem großen Grundstück halten wir an.

In einer sehr großen Villa wohnen offensichtlich mehrere Kollegen von meinem chinesischen Arzt. Ich erkenne die "Professore" von gestern. Aufmerksam steht sie an einem Blumenbeet und grüßt mich sehr freundlich. Dann weist sie mit dem Kopf zum Himmel und sagt: "Kommen noch Regen, besser gehen in Haus." Sie spricht zu mir, als wären wir lange miteinander bekannt. Wir gehen ins Haus. Einige Chinesen laufen umher. Keiner schaut argwöhnisch, eher neugierig wie Kinder, wenn unbekannter Besuch erscheint. Ich finde diese Menschen ausgesprochen angenehm und fühle mich außerordentlich wohl. Es ist eine andere Welt. Lung Sheng trägt seine Bettdecke unter dem Arm, keiner guckt anrüchig. Habe nur ich merkwürdige Gefühle angesichts dieser Decke gehabt? Fast schäme ich mich ein bisschen. Das Appartement von Lung Sheng ist schön. Es ist ebenerdig und hat eine große Terrasse. Die Küche ist völlig verdreckt.

Lung Sheng bietet mir einen Platz an einem kleineren runden Tisch an. Die Sitzgelegenheit ist eine Art moderner Lehnstuhl. Hart gepolstert, gut für meine Wirbelsäule. Er selbst geht in die kleine Küche: "Machen chinesische Tee." Ich sehe von meinem Platz aus sein Profil. Er ist ganz konzentriert. Auf dem Tischchen hier liegen allerlei Papiere und Briefe mit chinesischer Schrift. Die Decke hat er auf seine breite Liege getan. Ich muss schmunzeln. Wie unterschiedlich wir Menschen doch sind. Lung Sheng stellt Tassen aus zartem Porzellan auf eine freie Ecke. Dann sortiert er die Schriftstücke vom Tisch, legt sie auf eine Art Regal. "Tee noch brauchen Zeit. Gucken wo wohnen." Er öffnet ein Schrankfach, holt einen uralten Schulatlas heraus, legt ihn mir hin. Meine Güte, denke ich, wer hat ihm diesen Plunder nur angeboten? Die DDR Grenzen sind noch voll präsent, eine Seite ist durchgerissen, an einer anderen fehlt ein Stück. Er nimmt einen Stuhl, setzt sich neben mich. "Zeigen, wo Sie kommen!" Ich suche eine Seite, wo ganz Deutschland zu sehen ist, zeige auf Berlin. Wie groß der Teil der DDR ist!

Und so deutlich markiert. Ich tippe darauf: "Das gibt es so nicht mehr." Lung Sheng versteht. "Ja, Mauer fallen weg. China wie..." Er tippt auf besagte Stelle, macht herabwürdigende Geste. "Wo wohnen in Berlin?" Ich zeige auf die Richtung meines Bezirks. "Gute Seite, ist gute.." Er strahlt mich an. Ich sage, dass inzwischen alle Seiten gut sind. Er holt den Tee, gießt mir ein. "Chinesische Tee seien gut", sagt er und holt aus dem Kühlschrank eine feuchte Schachtel Pralinen. Es sieht aus, als sei sie durchs Wasser gezogen worden und anschließend im Kühlfach gelandet. Danach aufgetaut. "Essen, ist gute, von Patientin." Er schiebt mir die Schachtel hin.

Eine gute Sorte, die auch ich bevorzuge. Doch der Zustand! Ich traue mich nicht, meine Abscheu zu zeigen, öffne artig das vergammelte Schächtelchen. Die Pralinen sind wie mit Tau versehen! "Ist nasse, aber gut." Lung Sheng bedeutet mir, eine Praline zu nehmen. Ich tu es. Sie schmeckt besser als ich angenommen habe. "Patienten schenken viele", sagt er und macht ein wichtiges Gesicht. Er nimmt den Atlas und sucht China. "Große Land und schön", sagt Lung Sheng und fährt mit einem Finger über das Stück der Seite, wo China ist. Dann guckt er in die Ferne und schweigt lange. Sein Gesicht wirkt bewegt. Ich trinke den Tee, der sehr lecker schmeckt. Zufällig gucke ich auf eine Uhr. Herr des Himmels, es ist schon spät. Die Klinik schließt in wenigen Minuten ihre Pforten! Ich sage, dass ich sofort gehen muss und stehe auf. Lung Sheng bringt mich zu meinem Auto. Wir reichen uns unsere Hände, er hält meine fest: "Kommen Sonntag zu chinesische Kuchen? Fünfzehn Uhr?" Er zeigt die Zeit auf seiner Uhr an. Ich bin erfreut, sage: "Ja, gerne!" Dann steige ich in mein Auto und fahre los. Er winkt noch lange hinterher.

Gerade noch pünktlich erreiche ich die Klinik. Ich habe mich doch wieder verspannt und komme nur schwer aus dem Auto. Trotzdem ist meine Laune bestens. Bin ich verliebt oder nicht? Ich finde keine Antwort. Es ist alles so anders, so fremd, so aufregend. Ich freue mich auf Georg und unseren Ausflug. Das ist etwas Vertrautes, bei dem ich mit Sicherheit entspannen kann. Doch herrje, mit Georg bin ich auch am Sonntag verabredet! Was mach ich denn nun? Ich werde Georg anrufen und versuchen, unseren Ausflug auf Samstag zu verlegen. In meinem Zimmer lege ich mich auf meine Recamiere und verdaue das Erlebte. Ich schreibe mir einiges in mein Tagebuch auf, dann gehe ich schlafen.

DEUTSCHE KÜCHE - CHINESISCHE KÜCHE

Mitten in der Nacht wache ich auf. Ich habe von Lung Sheng und seiner kleinen Küche geträumt. Überall klebten Speisereste! Der Schmutz dieser Küche muss mich tief beeindruckt haben. Lung Sheng störte das offensichtlich wenig. Er bereitete unseren Tee ganz konzentriert auf seine Handlungen. Erst jetzt fällt mir auf, dass auch er lässig und zweckmäßig gekleidet war. Jeans und ein leicht zerknülltes, buntes Hemd.

Es gibt Situationen, in denen äußere Dinge überhaupt keine Rolle spielen. Wie gut mein chinesischer Arzt zu meiner jetzigen Haltung passt. Angelika aus Hamburg wäre angesichts der Küche sicher in Ohnmacht gefallen! Ich muss lachen. So ordentlich, wie sie immer angezogen ist, wird ihre Küche blitzsauber sein. Bei mir zu Hause ist das sehr unterschiedlich. Je nach Lust und Laune. In China wohnen viele Familienmitglieder in einer Wohnung. Lung Sheng hat es mir erzählt. Sein Vater war Fabrikarbeiter und er hatte mit Eltern, Großeltern und einem Bruder eine kleine Wohnung behaust. Später, als Arzt, hatte er dann ein eigenes Domizil, auf das er sehr stolz war. Nach ungefähr zwei Jahren in Deutschland werde er zurückkehren. In der Wohnung lebt jetzt sein Sohn.

Ich schlafe wieder ein und wache gut ausgeruht am Morgen auf. Beim Frühstück überfallen mich Mona und Angelika mit neugierigen Fragen. Ich erzähle, dass wir uns gut unterhalten haben und auch wieder verabredet sind. Einzelheiten behalte ich für mich. Mona macht ein bedeutendes Gesicht zu Angelika und sagt: "Verliebte müssen erst mal mit sich selbst klar kommen." Ich nicke mit meinem Kopf und empfinde keinerlei verliebte Gefühle, nur abenteuerliche Neugierde auf Erweiterung meines Horizonts. Später im Zimmer rufe ich Georg an. Ihm ist ein früherer Termin für unseren Ausflug recht. Er fragt nicht einmal nach dem Grund. Ich denke an Lung Sheng und mir wird warm ums Herz. Er ist so wach und konzentriert auf die Gegenwart. Ganz anders Georg. Es kommt mir so vor, als sei er immer schon einige "Schritte" voraus, bei dem, was noch geschehen wird. Heute habe ich noch allerlei Anwendungen. Ich mache mich auf den Weg zur Fußreflexzonenmassage. Die freundliche Behandlerin fragt, wie es mir geht. Ich erzähle ihr, dass mein linkes Bein zwar meist noch taube Gefühle zeigt, die Schmerzen insgesamt aber besser geworden sind. Sie drückt entsprechende Stellen an meinen Fußsohlen und bestätigt meine Aussage. Die Druckpunkte sind nicht mehr so empfindlich. Im Geiste danke ich dem lieben Gott, dass er mir das "Silbertablett" zu dieser wunderbaren Klinik gereicht hat. Und auch meinem alten Georg bringe ich warme Gefühle entgegen; er hat mich schließlich auf Bad Wunderbar aufmerksam gemacht!

Nach dieser guten Behandlung ruhe ich auf einer grünen Liege aus und verdaue meine vielen Eindrücke. Später mache ich einen entspannenden Spaziergang durch das warme, wohltuende Wasser der Therme und begebe mich dann zu der Abteilung für die manuelle Therapie. Die junge Praktikantin ist sehr aufgeregt. Heute Morgen wurde sie während einer Behandlung von ihrem Abteilungsleiter ans Telefon gerufen. Der chinesische Chefarzt wollte sie sofort sprechen. "Ich hatte solche Angst, dachte schweren Ärger zu bekommen", erzählt sie. "Er sagte, dass es um Sie ginge! Ich dachte, jetzt fliege ich raus, weil ich Sie nicht normal behandle. Dabei teilte er mir mit, wie sehr er sich freue, dass die Therapie Ihnen so gut bekommt! Er dankte mir dafür und lud mich ein, jederzeit bei ihm persönlich zu hospitieren!" Ich bin von der Erzählung tief beeindruckt. So kann es gehen, wenn alle Beteiligten ihr "Silbertablett" zu nehmen wissen! Und ich freue mich sehr, dass die junge Frau eine Ermunterung bekommen hat, ihren individuellen Weg selbstbewusst zu gehen. Am Nachmittag ist Behandlungstermin in der chinesischen Abteilung. Ich habe einen ausgiebigen Mittagsschlaf hinter mir und bin gut ausgeruht. Lung Sheng begrüßt mich freundlich wie immer. Ich bin froh, dass wir für Sonntag verabredet sind und hier die ganz normale Behandlung, die ich dringend benötige, ungehindert läuft.

Bevor Lung Sheng die Akupunkturnadeln rauszieht, dreht er sie jetzt öfter, was ziemlich weh tut. "Ist gut für Heilung", sagt er, wenn ich laut aufschreie. Und ich weiß, dass er Recht hat. Beim Abschied hält mein chinesischer Arzt meine Hand etwas länger als gewohnt. Augenblicklich erheben sich hunderte von Schmetterlingen in meiner Magengegend, ein verliebtes Gefühl durchströmt meinen ganzen Körper. Bis zum nächsten Tag hält dieses Zaubergefühl an und beschert mir schöne Stunden. Jetzt bin ich mit Georg verabredet. Er wird mich von der Klinik abholen. Beim Frühstück habe ich Mona und Angelika gestattet, auf "Peilposten" hinter ein dickes Gebüsch nahe der Klinikpforte zu gehen. Sie wollen unbedingt sehen, wie Georg ausschaut! Ich habe wieder meine Lieblingshosen an. Georg kommt mit dem Auto, will mir ein bisschen die Gegend zeigen und dann die Bootstour machen. Pünktlich zur verabredeten Zeit steht er vor der Tür. Mona und Angelika stehen hinter dem Busch und recken ihre Hälse. Ich könnte mich vor Vergnügen auf der Erde wälzen, wäre da nicht meine Bandscheibe.

Georg sieht richtig gut aus: Schlank, groß, gebügelte Hosen, Sakko, lässiges Hemd. Seine grauen Schläfen kommen gut zur Geltung, er trägt eine Sonnenbrille. Er nimmt mich leicht in den Arm und gibt mir ein Begrüßungsküsschen auf die Wange. "Damit die beiden was zu sehen bekommen", flüstert er mir ins Ohr. Ich habe ihm die Neugierde meiner Tischdamen vorher mitgeteilt. Von Georgs Auftritt bin ich hellauf begeistert. Er hält mir sogar noch die Wagentür auf. Das macht er sonst nie. "Na, zufrieden?", lächelt er, als wir im Auto sitzen. Er sagt es so nett väterlich. Einfach wunderbar! Georg findet, die beiden hätten sich ruhig mal zeigen können, und dreht an seinem Rückspiegel herum. Ich bin überzeugt, Mona und Angelika sind voll auf ihre Kosten gekommen. Ich lerne eine wirklich schöne Gegend kennen. Georg zeigt mir ein bewirtschaftetes Kloster, wo wir einkehren und etwas essen. Er fragt, wie es mir inzwischen so geht, lässt sich von meiner Behandlung erzählen.

Auch Georg genießt täglich das Thermalbad. Im Kellergeschoss seines Domizils befindet sich eine kleine Badelandschaft voller mineralischer Wasserfreuden. Wir wandern ein wenig herum, so gut es eben mit mir geht. Georg erzählt Geschichtliches über die Klosteranlage. Anschließend fahren wir zu einem See und machen die verabredete Bootstour. Beim Einsteigen falle ich fast ins Wasser. Georg rettet mich und sieht anschließend etwas blass um die Nase aus. Ich habe den Eindruck, als begreife er erst jetzt, dass ich wirklich einen Bandscheibenvorfall habe. Mit kräftigen Schlägen rudert er uns über den See. Es ist eine bezaubernde Landschaft. Die Sonne lacht zu alledem und wir sind mit uns zufrieden.

Im Geiste frage ich meinen kleinen Igel: "Wie geht es dir hier in diesem Ruderboot?" Mein geistiges Auge zaubert mir einen kleinen Igel in roter Badehose mit einem Rettungsring um den Bauch. Er sitzt in einem winzigem Bootchen und rudert was das Zeug hält. Dabei wirkt er richtig ehrgeizig und ist bester Laune. "Darf ich an deinen Träumen teilhaben?", fragt Georg und kneift mir mit zwei Fingern liebevoll in meine linke Wange. Augenblicklich rudert mein Igelchen allein weiter und ich wache zur Wirklichkeit auf. "Ach, Georg, ich hab' einfach nur so'n bisschen phantasiert." Georg schmunzelt wissend und rudert weiter. Zum Schluss nehmen wir noch ein leckeres

Abendbrot ein. Das in der Klinik habe ich für heute abgesagt. Irgendwann zahlt Georg. Er hat mich eingeladen. "So, das war die deutsche Küche", sagt er zum Schluss und zwinkert mir liebevoll zu. In meiner Mitte fährt etwas "Fahrstuhl".

Ich habe nichts von dem chinesischen Arzt erzählt, jedenfalls keinen Ton von meinen Gefühlen zu ihm. Allerdings kennt Georg mich viele, viele Jahre. Das darf ich natürlich nicht vergessen. Es ist ein wirklich schöner Ausflug gewesen. Morgen bin ich bei Lung Sheng zum chinesischen Kuchen eingeladen. Ich freue mich drauf. Diesmal werde ich mit dem Fahrrad fahren. Doch erst muss ich mich von dem Ausflug, der doch recht anstrengend war, erholen. Im Bett liegend frage ich meinen Igel, wie es so geht. Dem Kleinen hängt seine rosarote Zunge aus dem Mäulchen, er wirkt völlig erschöpft! Mein Rücken tut auch ziemlich weh. "Entschuldige, Kleines, ich will wieder mehr auf dich achten." Das verspreche ich hoch und heilig. Schließlich bin ich im Krankenhaus und nicht auf einer Vergnügungsreise. Mein Igelchen nimmt seine Zunge rein und blinzelt zuversichtlich in die Welt. Leib und Seele gehören zusammen. Heute wollte ich ein bisschen was für die Seele tun. Georg war auch wirklich lieb zu mir.

Und keiner kann über seinen Schatten springen. Ich schlafe tief und fest und träume von früher, von Gemeinsamkeiten mit Georg. Beim sonntäglichen Frühstück treffe ich Mona und Angelika in bester Laune an. "Geh, ist das ein netter Kerl!", lobt Mona Georg überschwänglich. Angelika meint: "Deern, den solltest du dir an Land ziehen, der sieht ja topp aus!" Ich muss wehmütig lächeln, denke an vergangene Zeiten und den Text des Prediger Salomo aus der Bibel: "Ein jegliches hat seine Zeit, und alles Vornehmen unter dem Himmel hat seine Stunde."

Und jetzt ist die Stunde des Chinesen...! Ich bin mir sicher, dass Gott weiß, was er uns anbietet und was nicht. Das habe ich stets respektiert. Pünktlich um 15 Uhr radle ich zu Lung Sheng. Mein Igel und ich haben Abenteuerlust. Wir sind bereit über einst gesteckte Grenzen zu gehen. Trotzdem flattern "Schmetterlinge" im Bauch herum. Meinem chinesischen Arzt geht es kaum anders; er hat zur Begrüßung eine ziemlich feuchte Hand. Wie ein Kind strahlt er über sein ganzes Gesicht und bittet mich in sein Appartement. Ich bin überrascht. Der chinesische Kuchen stellt sich als chinesische Küche heraus! Das hatte ich falsch verstanden. Lung Sheng hat Essen in Mengen vorbereitet. Doch wir müssen es erst zubereiten! Vielleicht gehört das in China zu einem festlichen Essen dazu? Ein bisschen hungrig auf Kuchen muss ich jetzt Teig ausrollen, den Lung Sheng zu einer Schlange rollt und dann Scheibchen abschneidet. Diese drückt er platt. Er fordert mich auf, diese Tätigkeit zu übernehmen.

So rolle ich mit einem Stöckchen Teigteile zu runden Plättchen aus, die mein chinesischer Arzt mit selbstgemachter Fleisch-Gemüse Füllung zusammenbastelt. Ich frage, um welche Fleischsorte es sich handelt. "Schweinefleisch", sagt er strahlend. Das esse ich schon Jahre nicht mehr. Die Blutgruppendiät! Doch wer was Neues erfahren will muss Kompromisse eingehen. Eine neue Haltung zum Leben und zu sich selbst zu bekommen, ist sicher nie einfach gewesen! Wir basteln lange an dem Essen und reden kaum. Nur kurze Arbeitsanweisungen von Lung Sheng. Als alles fertig ist, sieht der Tisch phantastisch aus. Und das Essen schmeckt so was von lecker. Ich bin restlos begeistert! Auf dem Tisch liegt ein dickes Wörterbuch Chinesisch/Deutsch. Wenn uns ein Wort fehlt, schauen wir einfach nach. Es macht großen Spaß. Lung Sheng bringt mir Essen mit Stäbchen bei. Ich kriege es recht gut gemeistert.

Er selbst hantiert gekonnt mit seinen Stäbchen, taucht Fleischbällchen, Gemüse und Teigtaschen in Soßen ein und schmatzt beim Essen, wie Mona es mir angekündigt hat. Es stört mich überhaupt nicht. Ich lerne, dass der Reis kleben muss und stelle mich mit meinen Stäbchen ab und an richtig ungeschickt an. Lung Sheng nimmt meine Hände in die seinen und zeigt wie es richtig geht. Die Schmetterlinge erheben sich in Scharen, ich fühle Verliebtheit in aufregendster Art. Mein chinesischer Arzt wirkt jetzt sehr männlich. Wir reden über chinesische Horoskope. Er ist im Jahr des Drachen geboren. Das passt gut zu mir, erläutert er. Seine Mutter ist Christin. Lung Sheng ist christlich erzogen worden, ich bin erstaunt! Da bin ich hier in Bad Wunderbar und esse mit einem chinesischen Christen. Beeindruckend! Irgendwann muss ich gehen.

Er bringt mich zu meinem Fahrrad. Beim Abschied guckt er in den Himmel und sagt: "Und grüß Gott!" Dann umarmt er mich kurz und gibt mir ein Küsschen auf die Stirn. Durch meine Seele fließt liebevolle Energie. Ich radle los, er winkt lange hinterher. Gedanken und Gefühle schwirren ungeordnet durch meinen Körper und zeigen eindeutig, dass ich verliebt bin. Wir haben uns nicht neu verabredet. Es passt zu dem, was ich lernen muss: In der Gegenwart wach sein und ohne Rollenspiele natürlich reagieren.

GEGENWARTSBEZOGENE PLANUNG

Am nächsten Morgen habe ich einen Termin bei Dr.Weißhaupt. Er fragt wie es mir geht und erklärt, dass die Akupunktur nicht länger als drei Wochen sein sollte. "Arbeitsfähig seien S' dann noch nicht", sagt er. "I werd' Sie 'bis auf Weiteres arbeitsunfähig' entlassen. Sie müssen sich danach erholen." Ich bin froh, informiert zu werden, wie lange ich in dieser Klinik sein werde.

"Haben S' die Zeit bis jetzt genutzt?", fragt Dr.Weißhaupt. Ich erzähle ihm von der Inventur über mein Leben, und dass ich die Abende zum Erholen und Reflektieren des Erlebten nutze. Verdauungszeit sozusagen! Er findet das gut und entlässt mich mit den Worten: "Machen S' weiter so!" Zufrieden gehe ich frühstücken. Mona, Dieter und Angelika haben schon gegessen, was mir recht ist, denn ich brauche jetzt Zeit zum Nachdenken. Aus der Gegenwart heraus muss man natürlich auch planen können.

Vielleicht sollte ich nach Ablauf der Klinikzeit hier in Bad Wunderbar bleiben? Ich brauche Entscheidungshilfe. Georg fällt mir ein. Nach dem Frühstück gehe ich in mein Zimmer und rufe ihn an. Er ist in seinem Appartement und hat Zeit für mich. Ich soll gleich kommen. Mit dem Fahrrad fahre ich zu ihm. Es geht mir wirklich schon viel besser, mein Rücken tut nicht mehr so oft weh und das linke Bein ist nur noch an manchen Stellen taub. Georg hat schon Kaffee für uns beide bereitet. Wir setzen uns auf seine Terrasse. Ich erzähle von dem Arztgespräch. Georg meint, ich solle an Ort und Stelle bleiben, mir hier einen Orthopäden suchen. Hotels zum Wohnen gibt es genug.

Die Idee ist genial! Lieber alter Georg. Er kennt sich in Bad Wunderbar aus, empfiehlt mir einen Arzt gleich um die Ecke. Georg ist schon wieder voller Pläne. Er überlegt, was wir beide alles noch unternehmen könnten. "Meine Bandscheibe ist und bleibt rausgehüpft!", sage ich etwas zu laut. Er guckt irritiert und meint, dass er jetzt einen Termin habe. Georg mag mich eben gesund und munter. Und diese Rolle habe ich Jahrzehnte lang überzeugend gespielt. Gleichgültig wie es in Wirklichkeit war. Eine neue Lebenshaltung fordert Opfer. Da wird manch alte Beziehung auf der Strecke bleiben. Früher hätte ich jetzt für einen guten Abschied gesorgt, hätte versucht einzulenken. Die Spannung zwischen uns ist spürbar. Ich stehe auf und sage mit höflicher Zurückhaltung: "Vielen Dank, für deine Beratung, Georg." Er ist sichtlich verärgert und reicht mir seine Hand. "Sei doch nicht immer so kompliziert." sagt er. Ich gucke ihm wach in seine Augen: "Georg, ich bin wie ich bin!" Dann gehe ich. In der frischen Maienluft atme ich tief durch, steige auf mein Fahrrad und merke beim Radeln, dass ich mich frei und richtig gut fühle.

Ich fahre zu der Praxis, die Georg empfohlen hat. Im Garten des Arztes sitzt ein großer Buddha. Das finde ich äußerst sympathisch. Es passt zur Akupunktur. Ob ich gleich mal nachfrage, wie die Modalitäten sind? Ist das noch Gegenwartsbezogenheit? Ich frage meinen kleinen Igel: "Hör mal, sollten wir schon mal nachgucken, ob das der richtige Arzt für uns beide ist?" Mein Igel schnüffelt etwas im Garten herum, pinkelt neben den Buddha einen kleinen See und nickt fröhlich mit seinem Köpfchen. Also gehe ich in das schöne Haus hinein. Auch innen wirkt es recht asiatisch. Die Dame am Empfang ist freundlich. Ja, Kassenpatienten werden behandelt. Wann meine drei Wochen in der Klinik um seien; ich könnte mir gleich einen Termin geben lassen. Wir gucken in einen Kalender und bestimmen einen günstigen Zeitpunkt. Etwas aufgeregt radle ich in meine Klinik zurück. Hier fühle ich mich sicher. Werde ich auch entlassen, wenn ich plötzlich gar nicht mehr gehen kann? Himmel, was wäre dann!? Ohne jede Hilfe, weit weg von zu Hause. Georg kann ich nicht einfach benutzen, ich habe mich für Selbstständigkeit entschieden!

Ich spüre Schmerzen im Rücken, die tauben Stellen am Bein werden mir bewusster. "Lieber Gott", bettle ich in mir drin, "bitte zeige mir den richtigen Weg!" Dieter kommt mir entgegen. Er sieht völlig fertig aus. Ich spreche ihn an. Morgen soll er entlassen werden. "Diese Klinik ist das Allerletzte!", schimpft er. Ich frage, ob ich ihm irgendwie helfen kann. "Mir kann keiner helfen!", sagt er und geht weiter. Mir geht seine Geschichte durch den Kopf. Wenn man sich nicht selbst zu helfen gelernt hat, kann das auch kaum ein anderer richtig tun! Dieter tut mir Leid. Und ich bin froh, dass ich gelernt habe, zu mir gut sein zu dürfen. Wo war ich gerade, als ich Dieter traf? Ach ja, bei den schwarzen Gedanken um eine schreckliche Zukunft. "Lieber Gott, da hast du mir aber schnell geholfen! Dankeschön dafür." Dieter war ein gereichtes "Silbertablett", das ich nehmen konnte. Wirklich: "Gott sei Dank!" Mir ist wieder klar, dass ich in der Gegenwart bleiben muss. Und da ist doch alles in bester Ordnung. Ich habe noch einige wohltuende Behandlungen und jeden Tag Akupunktur vor mir! Ich werde jetzt in das Thermalbad gehen, in Ruhe durch das gesunde Wasser wandeln, und mich dann auf einer Liege erholen und alles Erlebte verdauen. Im Zimmer angekommen genieße ich die schönen Farben der Einrichtung, die bezaubernde Aussicht, und dass ich wieder in der Gegenwart gelandet bin. Ich nehme mir das Heft mit meiner Lebensinventur vor und setze mich ein wenig auf den Balkon.

Ohne die bewusste Aufarbeitung meiner Vergangenheit, könnte ich das alles hier gar nicht wach und bewusst erleben. Ich bin dankbar. Das ist ein wundervolles Gefühl. Dankbar mir und allen, die an dieser Entwicklung mitgeholfen haben! Nach einer ausgiebigen Verdauungsphase gehe ich zum Mittagessen. Alle sind am Tisch. Dieter erzählt noch ein bisschen. Das Essen findet in bedrückter Stimmung statt. Erst als Dieter gegangen ist, fragen Mona und Angelika, wie mir der chinesische Kuchen gemundet hat. Ich erzähle von dem leckeren Essen und lasse jegliche Geschichten über meine Gefühlsregungen weg. Geschickt lenke ich das Thema auf die abendlichen Tanzvergnügen meiner beiden

Tischdamen. Monas junger Freund war am Wochenende da. Sie erzählt ausgiebig alle Einzelheiten. Angelika ist in einen Kurgast verliebt. Sie phantasiert sich genüsslich aus, was alles mit ihm werden könnte. "Zupacken musst du, nicht träumen!", sagt Mona, und ich stimme ihr zu. Am Nachmittag habe ich meinen Akupunkturtermin. Ich schaffe es gut, mir keinerlei Gedanken um eventuell Zukünftiges zu machen. Ganz im Hier und Jetzt gehe ich zu dem schönen chinesischen Haus. Am Wegesrand genieße ich jedes Blümchen und das schöne Maiengrün. Es hat auch Vorteile, nicht so schnell gehen zu können. Was bin ich manchmal durch das Leben gehetzt! Und dann schreit da innen drin einfach etwas "Stopp!"

In Gedanken gehe ich zu meinem kleinen Igel. Genüsslich trottet er durch die bunten Blumen und fühlt sich "igelwohl". Lung Sheng ist irgendwie aufgeregt. "Bald fahren fort", sagt er bei der Begrüßung. "Sonntag noch mal treffen?" Ich stimme gerne zu. Wir verabreden einen Termin in seinem Appartement. Dann behandelt er mich wie gewohnt. Ich genieße jede Sekunde, und bin unendlich dankbar, hier gelandet zu sein. Die Woche vergeht mit Thermalbaden, Fangopackungen, Massagen und der vorzüglichen Behandlung der jungen Praktikantin. Und immer wieder Lung Sheng. Es ist eine lange Woche. Mir fällt auf, dass das bewusste Erleben in der Gegenwart, die Zeit sehr lang erscheinen lässt. Bei der Behandlung am Samstag erinnert mich Lung Sheng noch einmal vorsichtig an unser Treffen: "Morgen treffen in Appartement?", fragt er beim Verabschieden. "Ja, ich freue mich", sage ich und reiche ihm warm die Hand. Mit meinem, inzwischen sehr geliebten, Fahrrad bin ich zur abgesprochenen Zeit bei ihm. Er freut sich sehr und bietet mir Obst, Tee und Pralinen an. Diesmal sind sie trocken.

Wir sitzen auf seiner großen Terrasse, es ist ein wunderschöner Maientag. Ich erzähle ihm, dass ich nach meiner Entlassung aus der Klinik noch etwas in der Gegend bleiben werde, mir ein privates Domizil zum Wohnen suche muss. Lung Sheng strahlt über das ganze Gesicht. "Wir gleich gehen und gucken", schlägt er vor. "Hier schöne Gegend. Ich dann kommen jeden Abend und behandeln mit Tuina.", sagt er. Mir bleibt fast das Herz stehen. Das ist ja, als schütte der liebe Gott sein ganzes Füllhorn auf mich nieder! Wir trinken noch ein bisschen Tee, dann ziehen wir los. Lung Sheng pfeift ein Liedchen vor sich hin. Große alte Kastanienbäume, üppiges Maiengrün. Die Welt ist wie verzaubert! Und dieser Teil des Ortes ist sowieso mehr als wunderbar. Zwei Ecken von seinem Domizil entfernt steht ein wunderschönes Haus mit einem spitzen Dach. Ein großer Balkon mit Blick auf ein blühendes Rapsfeld fällt mir auf. "Da würde ich gerne wohnen" "Gehen und fragen", schlägt mein chinesischer Arzt vor. Das Haus ist wirklich eine Pension! An der Eingangstür steht "Ausgebucht!". Nun soll man sich ja nie von einem Versuch abhalten lassen. "Wer nicht wagt, der nicht gewinnt!"

Ich klingle und frage die nette Wirtin nach dem Zimmer unter dem Dach. "Können Sie hellsehen?", fragt sie mich. "Wir sind seit Monaten ausgebucht. Doch eben hat das Ehepaar, das das Dachappartement gebucht hatte, abgesagt. Dem Rücken des Mannes geht es plötzlich so schlecht. Sie können nicht reisen." Ich frage, ab wann es frei wäre. Genau mein Entlassungstermin! Gütiger Gott, das ist ja wunderbar! Sie möchte wissen, für wie viele Personen es sei. "Nur für mich", sage ich. "Oh, es ist eine Ferien wohnung für zwei bis drei Personen. Und nicht billig", gibt sie zu bedenken. Ich frage nach dem Preis und kriege einen Schreck. Doch wenn man etwas wirklich will, muss man bereit sein, den Preis zu zahlen. Das habe ich bereits erwähnt. Sie fragt mich, ob ich die Räumlichkeiten sehen möchte, die jetzigen Gäste seien gerade da und sicher einverstanden. Begeistert stimme ich zu. Das schöne große Wohn/Schlafzimmer hat den Balkon mit Ausblick auf das Rapsfeld und die alte, kleine Kirche! Ein großes Bett mit bester Matratze. Glockengeläut wird mich wecken, beim Aufwachen werde ich auf das Rapsfeld schauen! Die große Küche und das Bad sind wunderbar, auch hier seitlicher Ausblick auf die Kirche. Ich bin bereit jeden Preis zu zahlen.

"Ich nehme es." Die Wirtin freut sich und schreibt gleich meine Personalien auf. Im Geiste danke ich dem "großen Weltenmanager", wie ich Gott bezeichnenderweise gerne nenne, tausendmal. Ein großes Mansardenzimmer, was Schöneres kann ich mir gerade nicht vorstellen! Lung Sheng freut sich auch. "Hat liebe Gott so gemacht", sagt er und schaut voller Respekt zum Himmel. Überglücklich verbringe ich eine der letzten Nächte in meinem Klinikbett. Beim Frühstück erzähle ich Mona und Angelika von meinen Plänen. Dieter ist abgereist. "Du hast es gut", sagt Angelika. "Und ich muss nach Hamburg zu meinem Alten!" Ich frage, warum sie zu ihrem Verflossenen muss, sie könne doch auch hier bleiben, sich weiterhin auskurieren. "Ach nee, Deern, das habe ich mir nun mal schon so ausgeguckt", gibt sie resigniert von sich. Ich schlage ihr vor, halt umzudenken. "Nee, das schaff' ich nicht." Wie schade für Angelika! Mona findet meine Pläne wunderbar: "Geh, das wird dir gut bekommen und deinem chinesischen Arzt auch." "Doch bis dahin ist noch einige Zeit, die wir gemeinsam genießen sollten", sage ich und hole uns in die Gegenwart zurück.

ABSCHIED UND NEUBEGINN

Die letzten Tage in der Klinik ziehen sich in die Länge. Das liegt daran, dass ich jeden Augenblick wach und bewusst auskoste. Immer wieder gehen mir Angelikas Worte durch den Sinn, dass sie nach Hamburg muss, weil sie es sich doch vorgenommen hat. Vermutlich kann man erst dann in der Gegenwart frei für sich entscheiden, wenn man die Vergangenheit bearbeitet und angemessen verdaut hat. Angelika hat sich, trotz Scheidung, noch nicht richtig von ihrem "Ex" getrennt. Deshalb zieht es sie an den "Tatort" zurück. Gut, dass ich meine Inventur gemacht habe! Trotzdem wird es noch unerledigte Erlebnisse geben, die tief in mir ruhen. Meine schwarzen Phantasien von neulich, was unter Umständen Schreckliches passieren könnte, sind sicher aus einer noch unreflektierten Vergangenheitsbegebenheit geboren. Um Schreckensbilder zu vertreiben, und sich nicht zum Schaden der eigenen Zukunft von ihnen überwältigen zu lassen, hilft nur klare Erkenntnis! Ich werde weiter an mir arbeiten. Dazu gehört, dass ich bei allen auftretenden Schwierigkeiten und Widrigkeiten des Lebens auch meinen eigenen Anteil daran kritisch sehe. An meiner schmerzenden Haltung habe ich selbst gebastelt. Mit Sicherheit habe ich manches "Silbertablett" übersehen.

Wie oft habe ich anstehende Entscheidungen vor mir hergeschoben und war wie erstarrt, weil jede Lösung angstbesetzt war. So eine lähmende Unentschlossenheit macht krank! Manchmal entscheidet dann das Leben. So wie bei einigen hier, wo nach zu lange unbehandeltem Bandscheibenvorfall die Lähmung eines Beines oder/und Inkontinenz die Folge war. Dann hilft nur noch eine Operation. Trotzdem hören die Schmerzen bei vielen Menschen nicht auf, wie mir Patienten in der Therme erzählten. Vermutlich weil auf der körperlichen Ebene abgeschmerzt werden muss, was man auf der seelischen einst versäumt hat! Mona und Angelika sind voll des Abschiedsschmerzes. Sie reden nur noch vom Packen und wie es zu Hause sein wird. "Geh, so schön wie hier wird's nimmer", sagt Mona beim Mittagessen. "Bei dir geht's ja erst richtig los, Deern", meint Angelika mit energieloser Stimme. "Sicher wird sie ihn heiraten, ihren Chinesen", setzt Mona hinzu. "Ihr spinnt ja beide", meckere ich sie liebevoll an. "Mensch, macht was aus euren Leben!" "Wir sind ja nicht so gebildet wie du, Deern. Du hast es leichter!" Ich erkläre Angelika, dass jeder normale Mensch einen Verstand zum Nachdenken und Aufarbeiten seines Lebens hat. "Es gibt aber auch ein 'zu spät' ", sagt Mona und weist mit dem Kopf zu Dieters leerem Platz. "Weiß ich nicht", gebe ich zu bedenken.

"Man sollte optimistisch in die Zukunft blicken; Schreckensbilder, die ich mir selbst ausmale, könnte ich unbewusst gesteuert genau so Wirklichkeit werden lassen!" "Deern, da kriegt man ja Gänsehaut!", sagt Angelika und verzieht ihr Gesicht zu einer witzigen Fratze. Wir lachen alle und wechseln das Thema. Später habe ich das Abschlussgespräch mit Dr.Weißhaupt. Er freut sich, dass ich mit dem Klinikaufenthalt zufrieden bin. Es geht mir insgesamt wesentlich besser. Die Akupunktur, die vielen anderen Behandlungen, das Radfahren und das tägliche Gehen in der Therme, sowie das Rückenschwimmen sind natürlich wirkungsvoll gewesen. Mein Bein ist noch etwas taub und mein Rücken schmerzt ab und an, doch damit kann ich umgehen. "Morgen haben sie noch ein Gespräch mit Dr. Yun." Er gibt mir einen Abschlussbericht für den nachbehandelnden Arzt mit und wünscht mir für die restliche Zeit noch alles Gute. Ich kann wieder besser gehen und finde, dass sich in relativ kurzer Zeit ein guter Behandlungserfolg eingestellt hat. Wenn ich überlege, dass Dr. Stahlmann eine Operation als Therapie empfahl...!

Georg geht mir durch meinen Sinn. Ich bin ihm sehr dankbar, dass er mir die Idee zu Bad Wunderbar lieferte. Seit unserem letzten, unschönen Treffen in seinem Appartement haben wir nichts mehr voneinander gehört. Vielleicht werde ich ihm einen netten Brief schreiben. Jetzt möchte ich meine letzte Behandlung bei der talentierten Praktikantin genießen. Ich bringe ihr ein Abschiedsgeschenk mit. Ein Briefkuvert mit einer angemessenen Summe Geld. Sie freut sich riesig. Als Auszu-bildende kann man jeden Euro gut gebrauchen. Die Anwendung verläuft wie gewohnt. Wir tauschen zum Schluss unsere Adressen aus und versprechen, in Verbindung zu bleiben. Ich genieße den Rest des Tages und verbringe eine ruhige Nacht, ohne einmal aufzuwachen. Auch das war noch vor kurzer Zeit anders. Am nächsten Tag ist mein Abschlussgespräch bei Dr. Yun. Er nimmt sich viel Zeit und schaut sich auch noch mal mein mitgebrachtes CT an. "Sie haben sehr gut auf unsere Therapie angesprochen", findet er. Dann untersucht er genau meine Bewegungsmöglichkeiten und Einschränkungen.

Meine Idee, noch eine Weile am Ort zu bleiben, das Thermalbad weiter zu nutzen und viel Rad zu fahren, findet er sehr günstig für meinen Gesundheitsprozess. Er empfiehlt mir, mich in keinem Falle einer Operation zu unterziehen. Auch nicht, wenn es einmal wieder schlechter werden sollte. "Menschen mit Ihrem Willen finden andere Wege." Das sagt er sehr betont. "Viele Menschen leben mit Schmerzen, es kommt darauf an, wie man sie bewertet. Ihre Bewertung ist gut!" Nicht einmal wenn mein Bein gelähmt wäre, sollte ich mich operieren lassen. "Das rate ich nicht jedem Patienten", teilt er mir sehr zugewandt mit. "Sie können sich Kraft von tieferen Seinsstufen holen." Er macht eine weite Geste mit seinen Armen in der Luft. Dann holt er Lung Sheng dazu und bespricht mit ihm etwas auf Chinesisch. Mit einem tiefen Diener und zusammengefügten Händen verabschiedet sich Dr. Yun von mir. Ich bin tief bewegt!

"Heute letzte Behandlung hier mit Ihnen.", sagt Lung Sheng, als wir allein sind. Er sagt immer "Sie" zu mir. Mein chinesischer Arzt setzt die Nadeln heute anders und macht an der Stelle meines Bandscheibenvorfalls eine Moxibostion. Das ist eine unterstützende Wärmebehandlung mit in Zigarrenform gedrehtem Moxakraut. Es tut unendlich gut. Ich genieße diese letzte Behandlung in den

Räumen dieser zauberhaften Klinik und nehme die Ruhezeit für ein langes Gebet, in dem ich mich beim lieben Gott für seine reichhaltige Unterstützung bedanke. Ich bin froh, dass ich seine mir gereichten "Silbertabletts" sehen und annehmen konnte!

Ich habe viel Positives gewonnen. Gott sei Dank! Ganz leise kommt Lung Sheng wieder in den Raum, sagt zart: "Hallo, wie gehte es Ihnen?" Dann zieht er die Nadeln wie gewohnt und zelebriert die Tuina-Behandlung. Er wartet bis ich angezogen bin und überreicht mir dann eine chinesische Karte mit dem Bild eines Drachen und der Beschreibung jener Menschen, die unter diesem Zeichen geboren sind. "Alles Gute, Lung Sheng" hat er in deutscher und in chinesischer Schrift darunter geschrieben. Ich freue mich sehr und gebe ihm ein Küsschen auf die Wange. "Bisse morgen", flüstert er und verlässt lautlos den Raum. Langsam und nachdenklich gehe ich in mein Zimmer zurück.

Ich lege mich auf meine Recamiere und verdaue das Erlebte. Dabei schlafe ich ein. Erst kurz vor Ablauf der Abendbrotzeit wache ich auf. Ich muss mich beeilen, noch etwas zu Essen zu bekommen. Schade, mein letztes Abendessen hatte ich mir anders gewünscht. Mona und Angelika sind natürlich nicht mehr da. Ich wandere noch ein bisschen in der Klinik herum und freue mich, dass mir kaum etwas wehtut. In meinem Zimmer lese ich mir meine Tagebuchnotizen durch und schreibe Neues dazu. Welchen Reichtum ich erlebt habe! Die letzte Nacht in der Klinik schlafe ich unruhig. Immer wieder wache ich auf. Zweifelnde Gedanken peinigen mich. Sicher geht es mir inzwischen besser. Aber bin ich schon so weit, auf eigenen Füßen zu stehen? In der Klinik war der Tagesablauf weitgehend vorgegeben.

Ab morgen bestimme ich ihn selbst. Woher kommen diese Zweifel? Ich habe ein wunderschönes Appartement, mein chinesischer Arzt will mich jeden Abend besuchen und mit Tuina weiter behandeln. Meine Gedanken wandern in meine frühe Kindheit. Da war viel Unsicherheit und Zukunftsangst. Schon in meiner Embryonalzeit musste meine Mutter über politische Grenzen gehen. Ihre Angst und Unsicherheit ist natürlich auch meine gewesen. Ich werde mit diesen Zweifeln leben müssen. Irgendwie gehört das zu mir. In unsicheren Situationen beschleicht mich außergewöhnliche Unsicherheit. Den Zweifel annehmen, da geht es lang. Ich schlafe wieder ein. Ziemlich "zerknittert" wache ich am Morgen auf. Selbst der Sonnenschein lässt meine Unsicherheit nicht verschwinden.

Beim Frühstück treffe ich Mona und Angelika an. Uns allen dreien ist nicht nach Scherzen zumute. Jede von uns ist mit ihrer Abreise beschäftigt und unruhig. Wir versprechen uns in Verbindung zu bleiben. Dann packe ich ganz langsam meine Sachen zusammen, bringe Teilchen für Teilchen in mein Auto. Ich nehme bewusst Abschied von meinem Zimmer und gebe den Schlüssel an der Rezeption ab. Mona, Angelika und ich haben uns noch zum Abschiedskaffee in der kleinen Pinte verabredet. Wir versuchen witzig zu sein. Es klappt nicht! Ich bedanke mich herzlich für die Hilfe, die mir die beiden waren. Angelika sagt, sie hätte auch viel von mir gelernt. Sie trägt jetzt weniger Schmuck. "Weniger ist mehr", sagt sie grinsend. "I hab' dich verstehen gelernt", sagt Mona. "Man soll sich trauen und auch mal was ausprobieren!" Sie lacht mich offen an. "Und ein bisserl unnormal sein ist vielleicht gar nicht so verkehrt", sagt sie und beendet unser letztes Zusammentreffen. Wir umarmen uns herzlich. Angelika heult vor Abschiedsschmerz.

Ich muss jetzt zu dem örtlichen Orthopäden. Mein Auto lasse ich auf dem Klinikparkplatz stehen. Ich fahre mit dem Fahrrad zu der Arztpraxis. Das Wartezimmer ist rappelvoll. Ich beobachte die Menschen, lese die Aushänge an den Wänden und stelle fest, das der Arzt asiatisch geprägt sein muss. Er macht Akupunktur, Schröpfen und Moxibostion. Endlich werde ich ins Behandlungszimmer gebeten. Ein Riesenkerl von Mediziner empfängt mich. Er schaut auf meinen Arztbericht und fragt mich: "Was sagen Sie zu unserem Papst?" Es klingt, als gehöre Johannes Paul II. ihm persönlich. Ich bin irritiert. Er erklärt, dass er aus Polen stamme und nach Deutschland kam, weil die Verdienstmöglichkeiten gut wären.

Dann zählt er die "Heldentaten" des polnischen Papstes auf. Ich bin beeindruckt. Von vielen habe ich nie gehört. "Und der Buddha in Ihrem Garten?" Der sei zur Publicity und habe für ihn keinerlei Bedeutung. "Werbung muss sein", sagt er noch. "Die Leute hier wollen so was." Dann fragt er, was ich möchte. Ich schildere meinen Krankheitsverlauf und bitte um weitere Unterstützung. "Oh, Sie brauchen weitere Thermalbäder, Massagen und Krankengymnastik." Er stellt die Rezepte und eine weitere Arbeitsunfähigkeitsbescheinigung aus. Danach untersucht er mich kurz. Er sagt respektvoll: "Da haben ja schon kompetente Kollegen eine gute Vorarbeit geleistet." Er geleitet mich zur Tür. "Sie wissen ja selbst was zu tun ist: Weiter gut entspannen, täglich Thermalbaden, und schwimmen Sie viel. Radfahren ist auch eine empfehlenswerte Therapie." Zufrieden verlasse ich diese merkwürdige Praxis, werfe noch mal einen Blick auf den Buddha und ziehe meiner neuen Wege.

AUF EIGENEN FÜSSEN

Es ist gar nicht so leicht, auf eigenen Füßen zu stehen. Ab jetzt werde ich selbst meinen Tagesablauf bestimmen. Etwas unsicher fühle ich mich schon. Ganz langsam radel ich einen vertrauten Weg auf meine Klinik zu. Dort werde ich mein gepacktes Auto vorfinden. Einsamkeitsgefühle machen sich in mir breit. Kein Zeitplan als Leitlinie, kein Speisesaal, keine vertraute Tischgesellschaft! "Du hast es so gewollt!", sage ich zu mir selbst. "Und du?", frage ich mein Igelchen und bin richtig froh über diesen Einfall. Der Kleine steht aufrecht, hat einen bunten Rucksack auf und einen Wanderstab in der Pfote. Es nickt mir aufmunternd zu, mit ihm mit zu kommen. Ich bin begeistert! Gott sei Dank habe ich meine Phantasie als Reichtum in mir. Es geht mir besser.

Mein Auto ist schon wieder voller Kastanienblüten. Langsam sammle ich sie ab und steige ein. Dabei merke ich schon, dass ich noch ziemlich behindert bin. Mein Fahrrad habe ich angeschlossen, ich werde es später abholen. Der alte Dorfkern mit der kleinen Kirche, wo ich jetzt wohnen werde, ist wunderschön. Hier ist es ruhig und beschaulich. Die freundliche Wirtin erwartet mich schon und hilft mir beim Beziehen meines Appartements. Das Haus hat eine gute Atmosphäre. Es ist seit Beginn im Familienbesitz, erzählt mir die Besitzerin. Sie schickt ihre Tochter mein Fahrrad holen. Eine wirklich nette Geste! Dann bin ich allein unter dem Dach und setze mich auf den großen Balkon, um die schöne Aussicht zu genießen.

Unten schleicht eine Katze durch das Rapsfeld. An der alten Kirche ist ein kleiner Friedhof. Die Seelen der Toten sind bei Gott. Vielleicht haben einige auch schon wieder neue Körper? Was ich oft für ein Theater um das bisschen Leben mache! Es ist doch recht kurz. Ich beobachte die Katze. Sie lebt einfach so wie sie ist, macht keine Rollenspiele oder trägt Maskerade. Tiere sind da einfacher als wir! Manchmal habe ich diese Weisheit auch bei alten Leuten, oder Menschen die ihr Leben fast hinter sich haben, erkannt. Sie sind wie sie sind.

In jungen Jahren meint man oft, sich verbiegen zu müssen, um irgendwo anzukommen oder gemocht zu werden. Eigentlich schade um die Zeit! Georg fällt mir ein. Er macht sich sicher schon Gedanken um mich. Aber er hat ja die Telefonnummer meines Zimmers in der Klinik. Angerufen hat er nicht! Ich frage mich, ob ich ihn hier noch mal treffen möchte. Auch mein Igelchen soll sich dazu äußern. Es schüttelt deutlich seinen Kopf. Gut, dann sind wir uns also einig. Ich hole mir Papier und einen Stift und schreibe ein paar richtig freundliche Zeilen, in denen ich mich auch für seine Inspiration bedanke. Ich brauche Zeit, um mich voll und ganz meiner Gesundung zu widmen. Georg wird das verstehen. Dann packe ich meine Sachen aus und richte mich häuslich ein. Nach einer Weile bemerke ich Hungergefühle. Hier in der Nähe ist ein Dorfbäcker, der sogar Dinkelbrot verkauft. Ich habe es neulich im Schaufenster gelesen. Langsam und gemütlich spaziere ich dort hin. Ich frage, ob es die Brotsorte schon lange gibt. Nein, erst seit einiger Zeit.

Daher auch das Schild im Fenster. Nebenan ist ein kleiner Lebensmittelladen mit allem was ich brauche. Ich hole mir ein bisschen Obst und Gemüse, Käse und Butter. Frische Eier werde ich mir von einem der Bauernhöfe hier in der Nähe besorgen. Einen Briefkasten gibt es auch, ich stecke den Brief an Georg ein und fühle mich jetzt sehr wohl. Inzwischen ist mein Fahrrad angekommen. Ich bedanke mich herzlich und fahre gleich etwas umher. Kühe, Hühner, Gänse und jede Menge Katzen. Ich fühle mich reich beschenkt.

Ich beobachte einen Bauern beim Holzhacken. Wir kommen ins Gespräch. Seit Generationen lebt seine Familie auf diesem Hof. Ich soll bei seiner Frau fragen, ob heute noch Eier da sind. Eine alte, niedrige Holztür führt zur Wohnküche. Die Bauersfrau bittet mich herein. Es riecht angenehm nach Essen und altem Gemäuer. Wir unterhalten uns ein wenig. Ich frage sie, ob sie mit ihrem Leben zufrieden ist. "Man muss!", antwortet sie mir. Sie kommt auch aus dem Dorf, hat vor Jahrzehnten eingeheiratet. "War es eine Liebesheirat?", möchte ich gerne wissen. "Da hat man damals nicht nach Liebe geschaut. Das haben die Eltern bestimmt." Ich bin bewegt von dieser ehrlichen Antwort, bedanke mich für das Gespräch, und kaufe ihr ein paar Eier ab. "Kommen S' wieder!", ruft sie mir nach. Nachdenklich radle ich weiter.

Sich selbst verwirklichen kann man erst, wenn das Überleben gesichert ist. Wie wenige Menschen die Chancen, die die heutige Zeit bietet, nutzen! Irgendwo habe ich mal folgenden Spruch gelesen: "Der Weg zur eigenen Entfaltung ist hart, aber es ist der einzige, der zum schmalen Tor der Freiheit führt."

Später, im Appartement, schreibe ich die Erlebnisse und Gedanken in mein Tagebuch. Das hilft beim Verdauen und kann gegebenenfalls eine wichtige Erinnerungsstütze sein. Gegen Abend klingelt es an der Tür. Ich bekomme einen leichten Schreck. Das wird Lung Sheng sein. Ich ermahne mich, in der Gegenwart zu sein und zu schauen was sich natürlicherweise ergibt. Langsam steige ich die Treppen runter und öffne die blauverzierte, schöne Haustür. Ein Stückchen weg, an meinem Auto, steht er und lächelt. "Kommen spazieren?" Ich mag jetzt nicht spazieren, außerdem kann ich noch nicht so lange gehen. "Ich bin schon lange mit dem Rad gefahren", sage ich und zucke mit meinen Schultern. "Ah, müssen schonen!", sagt er und kommt lächelnd näher. Wir geben uns zur Begrüßung die Hände. "Ich kommen hoch und machen Behandlung!" Einen Tee möchte er jetzt nicht trinken. "Jetzt wir arbeiten!" Es klingt wie ein Befehl. Ich lasse mich auf das Geschehen ein und fühle mich augenblicklich wie auf einer fernen Reise. Er steht in meinem Wohn/Schlafzimmer und sagt: "Ausziehen und auf Bette legen!" Ich bin das zwar aus der Klinik gewöhnt, aber hier empfinde ich es doch anders. Unschlüssig ziehe ich mich aus, den BH lasse ich an. "Ausziehen!" Er deutet auf meine Brust. "Legen auf Bauch, ich machen Tuina."

Er holt von der einen Seite des großen Bettes die Zudecke und rollt sie zusammen. Die Decke auf seinem Fahrrad fällt mir ein. Er kommt zu meiner Seite und legt die große Rolle so, dass ich mich darüber legen kann. Ich bin ziemlich aufgeregt. Dann reibt er mich mit dem köstlichen, chinesischen Öl ein, das er mitgebracht hat und reibt und knetet an meinen Beinen, fast so, wie seit Wochen jeden Tag. Er setzt sich auf das Bett und reibt den linken Arm ein, massiert und drückt entsprechende Stellen. Wunderbar! Dann steigt er auf die andere Seite und nimmt sich meinen rechten Arm vor. Danach den ganzen Rücken. Als ihm warm wird, zieht er sein Hemd aus und macht weiter. Hände, Füße, er lässt nichts aus. Jetzt drückt er meine Hüftknochen nach unten, das hat er oft gemacht. Es entspannt die Lendenwirbelsäule. Schweiß tropft auf meinen Rücken. Ich schwitze inzwischen auch. "Ist gute Behandlung?", fragt er von hinten. "Oh, ja!", gebe ich höflich zur Antwort und komme mir wie in einem fremden Film vor. "Drehen um!", befiehlt mein chinesischer Arzt. Es ist mir etwas peinlich, aber ich gehorche.

Lung Sheng legt die Bettrolle zur Seite und begibt sich an das Fußende. Dabei lacht er über sein ganzes Gesicht und wirkt ausgesprochen sympathisch. Langsam reibt er meine Fußsohlen ein und beginnt zu massieren. Das hat er sonst nie gemacht. Er arbeitet sich bis zu den Oberschenkeln hoch und ist sehr konzentriert. Ich atme tief und gleichmäßig, um nicht zu verkrampfen. Draußen ist es dunkel geworden. Lung Sheng hat eine Nachttischlampe eingeschaltet. Alles wirkt exotisch. "Können inzwischen besser schlafen?", fragt er freundlich. Ich sage, dass es inzwischen besser geht. Ich wache nur noch manchmal von den Schmerzen auf. "Heute viel schlafen und gute ", sagt er und hört mit der Tuina Behandlung auf. Er geht an seine Tasche und holt Akupunkturnadeln raus. "Legen bequem", sagt er und schiebt mir die Bettrolle unter den Kopf. Dann holt er die Nadeln aus der Plastikumhüllung, nimmt meine rechte Hand und sticht mir eine seitlich ans Handgelenk. Er greift über mich, nimmt meine linke Hand und wiederholt den Vorgang. "Gute für Schlafen!" Ich lasse alles geschehen. Schließlich geht er zu meinen Füßen, sticht jeweils eine Nadel an die Fußgelenke. "Jetzt ruhen, ich ruhen mit." Er legt sich neben mich auf das große, breite Bett.

Entspannung zieht durch meinen Körper. Neben mir liegt mein chinesischer Arzt und hat die Augen zu. Er wirkt sehr friedlich. Der liebe Gott wird schon wissen, was er sich da ausgedacht hat! Ich fühle mich wirklich wohl und kann geschehen lassen, was geschieht. Ganz ruhig ist es in meinem Appartement. Ab und an dringt ein Naturgeräusch zu uns hoch. Ein Kater schreit nach seiner Liebsten. Ich muss lächeln. Wohlig und ausgeschlafen wache ich am nächsten Morgen auf. Die Sonne lacht über den Balkon, Vögel zwitschern. Neben mir das zerwühlte Bett, in dem Lung Sheng ruhte. Irgendwann zog er die Nadeln aus meinen Gelenken und ging nach flüchtigem Gruß. Liebster Gott, ist das ein Lebensgefühl! Eine ganze Nacht tief und fest und ohne Schmerzen durchgeschlafen. Wunderbar! Ich genieße den Zustand, bleibe liegen, schaue in die schöne Landschaft. Das Frühstück nehme ich später auf dem Balkon ein. Die Eier vorn Bauernhof und das frische Dinkelbrot munden köstlich. Nachher werde ich mir eine gute Masseurin suchen. Praxen gibt es hier viele. Die junge Praktikantin aus der Klinik geht mir durch den Kopf. Wir haben uns herzlich verabschiedet und unsere Adressen ausgetauscht. "Weiterführende Krankengymnastik" hat der polnische "Buddhafreund" vermerkt.

Ich rufe in der Klinik an, lasse mich nicht abwimmeln, frage mich durch. Es klappt. Ich kann weitere Behandlungen bei ihr bekommen! Super! Ich soll gleich kommen und das Rezept mitbringen, sonst könnten die Termine weg sein. So ist es oft. Wenn etwas klappt muss man "am Ball" bleiben, sich nicht mit "ich muss aber erst XY erledigen" aufhalten! Mein Frühstück bleibt stehen, ich fahre sofort hin. Alles funktioniert wie gewünscht. Meine "Top"-Krankengymnastin wird mich noch eine gute Weile behandeln können!

Auf dem Rückweg halte ich bei einer orthopädischen Praxis an, die Heilbehandlungen anbietet. Ich organisiere mir die verordneten Massagen und bin voll und ganz zufrieden. Jeden Tag werde ich in das Thermalbad gehen und auch täglich meine Rückenschwimmübungen machen. Mein Auto bleibt stehen, ich werde viel mit dem Rad fahren.

Zufrieden komme ich in mein Appartement zurück. Auf dem Balkon sieht es wüst aus. Offensichtlich haben Vögel die Gunst der Stunde genutzt und sich mein Dinkelbrot und einige Weintrauben einverleibt. Ich räume auf und frage mich, wie ich mein "auf eigenen Füßen stehen" finde. Es ist etwas anstrengend, aber richtig für mich. Wenn man als Kleines laufen lernt, ist es ja auch nicht immer gleich ganz einfach.

LEBEN NEU AUSPROBIEREN

Heute Nachmittag habe ich meinen ersten erneuten Behandlungstermin bei der netten Praktikantin. Vorher gehe ich in die Therme. Da ich jetzt externer Gast der Klinik bin, gestaltet sich einiges anders. Ein bisschen beneide ich die Patienten, die gleich von ihrem Zimmer aus, nur mit Badeanzug und Bademantel bekleidet und ihrem Handtuch unter dem Arm, jederzeit ins Thermalbad gehen können. Ich muss mich jetzt draußen anstellen, mir eine Umkleidekabine besorgen und habe einiges zu tragen. Das warme Wasser tut nach wie vor gut, und doch ist alles anders!

Als Mona, Angelika und Dieter noch da waren, hat man sich öfter getroffen, sich zugewinkt, miteinander geplaudert. Etwas lustlos wandle ich durch das gesunde Nass und suche nach vertrauten Gesichtern. Ein älterer Herr zwinkert mir zu. Vielleicht gucke ich so, als suche ich gerade nach einem "Kurschatten"? Himmel, ist mir das peinlich! Ich beschließe anders zu gucken. Irgendetwas in mir ermahnt mich nachzudenken. "Du möchtest dich doch neu ausprobieren, und das Neue soll ein echtes Verhalten sein. Ohne Rollenspiele nach außen hin!" Warum ist es mir unangenehm, wenn ich wirke, als suchte ich einen Mann? Es ist doch ganz normal, einen Partner zu suchen! "Ich suche aber keinen!", zanke ich mit mir selbst herum. Allerdings suche ich Kontakt, weil ich mich hier einsam fühle. "Dann musst du handeln!", sage ich mir. Mit einem "Fahrstuhlgefühl" im Magen drehe ich mich um und gehe zu dem zwinkerndem Herrn zurück. "Na, neu hier?", spreche ich ihn an und grinse dabei vermutlich ziemlich schräg. Etwas irritiert antwortet er: "Ja, gestern frisch eingetroffen." Ich erzähle, dass ich schon länger hier bin und jetzt außerhalb der Klinik wohne. Er fragt mich, ob ich heute Abend mit ihm Tanzen gehen möchte.

Ich bekomme einen Schreck und fühle eine Verpflichtung, "Ja" sagen zu müssen. Die neue Haltung in mir mahnt zur Echtheit. Etwas stotternd erkläre ich: "Wissen Sie, ich wollte mich eigentlich nur ein bisschen unterhalten. Alle, die ich kannte, sind abgereist, und ich habe mich einsam gefühlt." Der freundliche Herr guckt erneut irritiert und sucht nach Worten. Ich nutze die Zeit, um mich freundlich zu verabschieden: "Einen schönen Tag noch, wir sehen uns." Dann ziehe ich weiter meiner Wasserwege. Ich habe etwas Neues ausprobiert, ich fühle mich besser. Im anderen Becken schwimme ich meine Bahnen und freue mich, dass ich bei dem, was ich wirklich wollte, geblieben bin. Was der zwinkernde Herr von mir denkt, ist doch eigentlich egal. Irgendwann ist es Zeit für den Krankengymnastik-Termin.

Die junge Praktikantin ist erstaunt, mich noch einmal zu treffen. Wir nehmen die chinesische Methode sofort wieder auf. Sie erzählt, dass am Wochenende Fortbildung bei Dr.Yun war. Er hat sie vor allen Teilnehmern sehr gelobt! Die Arbeit an meinen Energiebahnen tut unendlich gut. Bis in meine verrutschte Bandscheibe fühle ich wohltuende Erleichterung. Wie gut, dass ich nicht dachte "verabschiedet ist verabschiedet", sondern mich für eine erneute Behandlung intensiv eingesetzt habe! Anschließend ruhe ich mich noch lange auf einer grünen Liege des Thermalbades aus, beobachte die Menschen und gehe meinen Gedanken nach. Nach einiger Zeit bekomme ich Hunger. Auch das muss organisiert werden. Die Zeit, als mir das leckere Essen vorgesetzt wurde, ist vorbei! Selbstständigkeit hat seinen Preis. Also gehe ich einkaufen und mache mir in meinem Appartement einen kleinen Imbiss. Gegen Abend kommt Lung Sheng. Er bringt einen Blumenstrauß mit. Ich freue mich riesig und gebe ihm ein Küsschen auf die Wange. Er erzählt, dass er in der Klinik ein anstrengenden Tag hatte.

Bei Tee und Keksen sitzen wir auf meinem Balkon und genießen die Abendsonne. Lung Sheng nimmt den Blumenstrauß aus der Vase und zeigt auf drei rote Blüten. "Dasse Sie, dasse ich, dasse unser Sohn." Mir fällt vor Schreck gar nichts ein. "Sie müssen haben Sohn und Mann, ich guter Mann." Er strahlt über sein ganzes Gesicht und steckt die Blumen zurück ins Wasser. Der liebe Gott mit seinem Silbertablett fällt mir ein. Doch wie lautet dieses Angebot? Mein chinesischer Arzt scheint viel Zeit zu haben. Ganz ruhig sitzt er da, guckt gelassen in der schönen Gegend rum. In mir ist Unruhe. Wie gehe ich mit dieser Aussage um? Es rührt mich so. Ich wollte nie heiraten, nie Kinder. Nicht Sohn, nicht Tochter. "Ich bin schon so alt", sage ich. "Egal, machen Sohn." Lung Sheng weiß was er will. Er ist zwei Jahre jünger als ich. Der liebe Gott mit dem Silbertablett schmunzelt. Ich kann nicht entschlüsseln, was gemeint ist. "Legen auf Bett!", sagt Lung Sheng. Filme von ähnlichen Situationen ziehen in Windeseile an mir vorbei.

Ich habe mich nie getraut, ein klares "Nein" zu sagen, war stets der Meinung, mein indirektes Angebot auch einlösen zu müssen. Ich glaube, ich begreife das Silbertablett! "Ich möchte kein Kind, ich möchte nicht heiraten." Klar und deutlich kommen die Worte über meine Lippen. "Sie brauchen Sohn für später, wenn Rücken wird schlimmer. Sie brauchen Hilfe wenn alt." Ich muss jetzt richtig doll lachen. Lung Sheng lacht laut mit. "Legen hin, ich machen Behandlung." Ich stehe auf, gehe zum Bett, ziehe mich aus wie immer und lege mich hin. Dabei fühle ich mich entspannt und frei. Ich habe gesagt was ich wirklich fühle. Wenn Lung Sheng es nicht glaubt, ist es sein Problem.

Die Behandlung wird intensiv und gut. Anschließend liegen wir nebeneinander im Bett und üben Deutsch. "Sie gute Lehrerin", sagt er voller Anerkennung. Deutschkurs gegen Tuina-Behandlung finde ich einen fairen Tausch. Lung Sheng erzählt, wie es ihm erging, als er das erste Mal deutschen Boden betrat. Der Vertreter von Dr. Yun holte ihn vom Flughafen ab. Man wartete auf das Gepäck. "Ich gucken in Raum und sehen Mann und Frau, die machen das..." Er bedeutet einen intensiven Begrüßungskuss. "Ich müssen gucken weg!" Mein chinesischer Arzt macht eine ungeheure Geniergebärde. "Nie machen auf Straße von China!" Er sagt es stolz. "In China nie Brust von Frau auf Zeitung. China gutes Land!" Ich bin verwirrt und erleichtert zugleich. So kannte ich China noch nicht! Ich denke an meine Oberweite und bin froh, das alles erst jetzt zu hören. So eng wird Erotik in China gefasst! Lung Sheng möchte bei mir schlafen. Ich bitte ihn zu gehen. Er akzeptiert es sofort.

"Kommen morgen zu mir, wir chinesisch kochen", fordert er mich auf. Ich freue mich auf den nächsten Tag und die Zeit jetzt mit mir, die ich zur Verdauung des Erlebten benötige. Dann bringe ich ihn bis vor die Haustür, er winkt noch lange zurück. Ich setze mich auf meinen Balkon, fühle nach, schmunzle über den merkwürdigen Heiratsantrag und das "Sie", das er trotz aller Nähe beibehält. Mein linkes Bein ist kaum eingeschlafen, der Bereich um die rausgehüpfte Bandscheibe wirkt entspannt, Lung Sheng lernt besseres Deutsch. "Danke, lieber Gott", flüstere ich in die Nacht. "Was du dir alles so einfallen lässt, ich bin beeindruckt!" Und wie geht es meinem Igelchen? Das Kleine trägt einen gelben chinesischen Hut mit schwarzen Schriftzeichen und wirkt total entspannt. Auch in dieser Nacht schlafe ich tief und fest. Gut gelaunt wache ich morgens auf. Was für eine verrückte Zeit!

Nach einem guten Frühstück habe ich einen Behandlungstermin in der Massage Praxis hier in der Nähe. Ich fahre mit dem Fahrrad hin und bin angenehm überrascht, sofort drangenommen zu werden. In der Klinik musste man manchmal einige Zeit warten. Ein junger Mann ist mein Behandler. Wir stimmen die Modalitäten ab, er massiert gut, ich bin zufrieden. Den

Tag erlebe ich in angenehmer Verfassung. Ruhe und Bewegungszeiten stimme ich harmonisch ab. Die Freiheit zu essen, wann ich es gerne möchte, empfinde ich heute als wahres Geschenk. Man braucht Zeit, sich an Veränderungen zu gewöhnen!

Mein Gesundheitszustand ist wirklich erheblich besser geworden. Ich fühle mich energetischer und wacher für meine gegenwärtige Haltung. Herr des Himmels, was muss man für "Verrenkungen" machen, um zu seinem natürlichen Kern zu gelangen! Auch Lung Sheng wird in manchen Dingen gegen seine wahre Natur erzogen worden sein. Man darf in China, wegen der Überbevölkerung, nur ein einziges Kind bekommen. Viele wollen lieber Söhne. Kein Wunder, dass er mir gestern einen solchen anbot! Ich muss schmunzeln. Und wie prüde in China offiziell mit der Sexualität umgegangen wird. Die deutsche Übersetzung für unsere Zeugungsorgane fehlte in seinem Wörterbuch! In den Schulen und Universitäten soll es unglaublich streng zugehen. Bei solch einer Sozialisation bleibt keine Zeit für freie Entfaltung! Ich bin sehr dankbar, in einem Land und zu einer Zeit aufgewachsen zu sein, wo Demokratie und soziale Errungenschaften Freiraum für Entwicklung und Entfaltung ermöglichen. In der Kindheit meiner Eltern war das noch nicht möglich. Sie sind in einem Deutschland aufgewachsen, wo das Äußern einer freien Meinung unter Umständen das Leben kosten konnte! Tief in mir empfinde ich es wie eine Verpflichtung, das Gedankengut zur Ermöglichung einer freien Entfaltung weiterzugeben. Ich sitze auf meinem Fahrrad und radle durch die schöne Gegend. Zum ersten Mal fällt mir wieder meine Schule ein. Wie gut, dass ich diesen Beruf habe! Ich scheine auf dem Weg der wirklichen Gesundung zu sein, denn ich freue mich darauf, bald wieder meiner Tätigkeit nachzugehen.

Doch noch bin ich hier in Bad Wunderbar und das ist gut so! Gegen Abend fahre ich zu Lung Sheng. Er freut sich, dass ich komme. Allerlei Töpfe und Schüsseln mit Gemüse und Gewürzen sind vorbereitet. "Sie rollen Teig!" Er schiebt mir einen großen Klumpen zusammengeknetetes Mehl hin. Ich rolle den Teig zu einer dicken Schlange und schneide Scheiben ab. So hat es Lung Sheng neulich auch gemacht. Aber er tadelt mich: "Nicht so machen, gehen so!" Er nimmt mir das Messer weg, schneidet anders und formt bessere Plättchen. Es ist mir so egal, ob die Teilchen besser oder schlechter sind. Ich bekomme Hunger und sage meine freie Meinung. Er lächelt und sagt: "Ruhen aus, ich machen." Er weist auf seine Liege. Dankbar lege ich mich hin. Er deckt mich sogar zu. Fröhlich und freundlich zaubert mein chinesischer Arzt unser Essen. Vielleicht sollte ich ihn doch heiraten? Den Sohn, der für ihn ja dazugehört, müsste er erziehen. Ich versuche mir unser gemeinsames Kind vorzustellen.

Aber vor meinem geistigen Auge erscheint mein kleiner Igel. Er hält sich beide Ohren zu und streckt die Zunge heraus. Ich bin gerührt! "Alles klar, Kleiner, wir bleiben unter uns." Lung Sheng bringt mir chinesischen

Tee ans Bett. "Trinken, ist gut!" Dankbar schlürfe ich den heißen Tee. Ich werde mir heute besondere Mühe beim Deutschunterricht geben! Irgendwann ist das Essen fertig. Viele Tellerchen mit Köstlichkeiten stehen auf dem Tisch. Ich koste hier, ich probiere da.

Es schmeckt so was von lecker! Mit den Stäbchen esse ich schon ganz gut. Lung Sheng freut sich. Auch diesmal wird es ein sehr langes Essen. Ab und an ist Verdauungszeit. Wir plaudern wenig, schauen einfach so in der Gegend herum. Jeder geht seinen Gedanken nach oder träumt genüsslich vor sich hin. Während einer solchen Pause sagt Lung Sheng ganz unvermittelt: "Jetzt kosten von Sie." Er steht auf, kommt zu mir und holt sich eine "Süßigkeit", als sei es ein "Leckerli" von einem der Tellerchen. "Schöne geschmeckt!", stellt er anschließend fest. Wir essen ganz gemütlich weiter. Ich bin begeistert von der Harmonie des Geschehens und denke über die unendlichen Möglichkeiten nach, die Leben anbietet, wenn wir offen für Neues sind.

Für Chinesen ist Essen ein wichtiger Bestandteil des täglichen Lebens. Man speist mit viel Zeit und Muße. Anders als bei uns ist Essen rituell zu sehen. Eine Zeremonie, die bewusst auf den Zusammenklang von Körper, Geist und Seele zielt. Es stimmt, das lange, meditative Essen mit meinem chinesischen Arzt trägt ungemein zu meiner Gesundung bei.

DIE VERÄNDERTE HALTUNG

So ziehen die Tage dahin. Lung Sheng kommt jeden Abend zu mir in mein schönes Dachgeschoss. Regelmäßig bekomme ich weitere Tuina-Behandlungen. Wir essen meistens bei ihm, weil er alle chinesischen Zutaten hat.

Beim gemeinsamen Radfahren an den freien Tagen ist er angenehm fürsorglich. Kommt ein leicht ansteigendes Wegstück, fasst er mit seiner breiten Hand an meinen Rücken und schiebt mich. Er ist ungemein energetisch und sehr kräftig. Seine Deutschkenntnisse werden täglich besser. Stets hat er sein dickes Wörterbuch dabei. Ich sage jetzt immer sofort, wenn mir etwas nicht passt und übe, diese veränderte Haltung auch beizubehalten. So bin ich viel seltener verkrampft. An manchen Tagen überkommt mich eine trübe Stimmung. Dann bekomme ich Lust auf lange, tiefgehende Diskussionen über Themen zum Sinn des Lebens, zu Entwicklungsschwierigkeiten, die keine freie Entfaltung zulassen und Lösungsmöglichkeiten. Mit Lung Sheng kann ich nur schwer reden. Unsere Sprachschwierigkeiten lassen keine wirkliche Auseinandersetzung zu. Solche Themen waren gut mit Georg zu besprechen. Doch der ist inzwischen abgereist, ohne dass wir uns noch einmal gesehen haben. War das mit dem Brief an ihn ein Fehler? "Was meinst du?", frage ich meinen kleinen Igel. Ein klares Kopfschütteln ist die Antwort. Wir beide sind inzwischen ein gut eingespieltes Team. Ich sitze auf meinem Balkon und denke über den

Sinn von trüben Stimmungen nach. Die Aussage eines der Brüder der Communaute von Taize in Frankreich fällt mir ein: "Manchmal ist alles dunkel in uns. Wir wissen nicht warum. Es einfach geschehen lassen! Es ist, als sei ein Film zur Entwicklung in der Dunkelkammer. Zögen wir ihn zu früh heraus, wäre er belichtet." Stimmt, nicht aus der Gegenwart flüchten, sondern sie angemessen erleben. Manches muss sich erst entwickeln.

Manchmal erfordert das ein Handeln, manchmal ein Akzeptieren. Niemals aber ein passives Aushalten. Mir fällt Dietrich Bonhoeffer ein, Pfarrer im Widerstand des "Dritten Reiches". Er hat gehandelt. Viele, in dieser Zeit, haben ängstlich ausgehalten. Bonhoeffer wurde kurz vor Kriegsende, am 9.4.1945 im KZ Flossenbürg gehängt. In seiner Todeszelle schrieb er: "Von guten Mächten wunderbar geborgen, erwarten wir getrost, was kommen mag. Gott ist bei uns am Abend und am Morgen und ganz gewiss an jedem neuen Tag." Als er nicht mehr kämpfen konnte, hat er akzeptiert. Bis zum Schluss seines Lebens war er authentisch. Es geht um Aufrichtigkeit sich selbst und dem Leben gegenüber.

Aufrechte Menschen habe ich schon immer bewundert. Menschen, die auch gegen äußere Widerstände ihrem wahren Naturell gemäß agierten oder agieren. Leise oder laut, schriftlich oder mündlich, betend oder meditativ. Jedes aufrichtige Tun setzt positive Kräfte in Gang. Was muss ich tun, damit mein aufrechter Gang nicht schmerzt? Ich sollte wach für meine eigenen Gedanken und Gefühle bleiben, nur so kann ich es auch wahrhaftig für meine Mitmenschen sein. Eigentlich genial, was ich mir da in meiner Mitte zugelegt habe! Eine "Alarmanlage", die Signale sendet, wenn ich mir oder anderen gegenüber unaufrichtig bin. Wenn die verrutschte Bandscheibe Schmerzen aussendet, muss man sich beugen. Toll, der Körper zeigt deutlich was los ist: Die Haltung ist unaufrecht. Man hat eine unaufrichtige Haltung! Ich denke über meinen chinesischen Arzt und mich nach. Gestern waren wir in einem Cafe. Lung Sheng schlürfte und schmatzte auch hier. Es war mir ein bisschen peinlich. Er fragte mich ob wir eine Praxis aufmachen wollen. Ich sollte im Büro helfen. Ich möchte nicht zu Dingen benutzt werden, die mir nicht liegen. Darum "mache" ich auch keinen Sohn, um ihn als Altersstütze heranzuzüchten.

Lung Sheng und mich trennen Welten. Ich habe es ihm gesagt. Er wird in ein paar Monaten nach China zurückkehren. Ich werde in wenigen Tagen Bad Wunderbar verlassen und nach Hause fahren. Meine herausgehüpfte Bandscheibe will ich als waches Mahnmal lieben und nicht bekämpfen oder wegschneiden lassen. Wenn ich bei meiner Haltung bleibe, werde ich gut leben können. Dazu gehört, in der Gegenwart spüren was angesagt ist. Nicht alles planen und durchstrukturieren. Offen und neugierig für Neues sein. Ich weiß, dass das manchmal Angst machen wird. Oft habe ich mich reichlich abgesichert. Da war kaum Spielraum für freie Entfaltung! Gute Eltern lassen ihr Kind beim Heranwachsen eigene Erfahrungen machen. Das kann auch manchmal schmerzvoll sein. Auch Fehler und Irrwege gehören zu einer natürlichen Entwicklung. Auf allen meinen "Klaviertasten" will ich "spielen" lernen. Das bedarf einiger Zeit des Übens. Noch in der chinesischen Klinik habe ich einen Kurs über "QIGONG" absolviert. Es ist eine Methode, durch gezielte, sehr langsame und hochkonzentrierte Bewegungen, den Lauf des Qi, unserer Lebensenergie, freien Fluss zu ermöglichen. Lü Bu We 200 v. Chr. sagt: "Wer seine Lebensenergie täglich zu erneuern vermag und es versteht, alle hinderlichen Einflüsse zu überwinden, ist wahrhaftig fähig, sein Leben richtig zu leben." Das muss ich auch noch üben.

Als Therapieziel hat der chinesische Chefarzt formuliert, dass meine Energiebahnen wieder zum freien Fluss gebracht werden müssen. Daran arbeiten Lung Sheng und ich nun schon seit einigen Wochen. Wer sich in der freien Entfaltung seiner Vitalität bremsen lässt, oder selbst bremst, kann nicht voll energetisch agieren. Ich bin nicht mehr verliebt in Lung Sheng. Es war wie eine Anschubenergie, die notwendig für unser Zusammenbleiben war. Aber ich bin ihm sehr dankbar für seine erfolgreiche Behandlung. Und ich denke, dass ich mich angemessen revanchiert habe. Wir werden in Verbindung bleiben, das haben wir uns versprochen. Noch einmal besuche ich den "Buddhafreund", um mich abschließend untersuchen zu lassen. Von Kopf bis Fuß checkt er mich durch. Er wundert sich, dass es mir so gut geht. "Eigentlich müssten Sie mehr Schmerzen haben!", meint er. Zu Hause soll ich gleich meinen Orthopäden zur

Nachbehandlung aufsuchen. Ich weiß, dass ich mir einen anderen Arzt suchen werde. Lung Sheng und ich verbringen die letzte Zeit miteinander sehr sensibel und intensiv. Langsam und sehr bewusst verabschiede ich mich von Bad Wunderbar. Ich spüre eine tiefe Dankbarkeit für alle Unterstützung von den vielen hilfreichen Menschen.

Beim Durchlesen meiner Tagebuchaufzeichnungen bin ich beeindruckt, wie sich alles aneinanderfügt. Wie gut, dass es für meine Schule eine Vertretung gab, wie hilfreich die aufmunternden Worte meiner Dienststellenleiterin zur rechten Zeit. Wie segensreich die Traditionelle Chinesische Medizin, angewandt für mich durch meine mich begleitenden chinesischen Ärzte. Wie unbürokratisch und schnell die Genehmigung durch meine Krankenversicherung. Ich bin unendlich dankbar. Es waren so viele, die geholfen haben. Meine anthroposophischen Ärzte, die freundliche Arzthelferin bei Dr. Stahlmann, Freunde, Kollegen, Nachbarn, die "richtig" waren. Die "Nerz-Katze", die zur rechten Zeit erschien, Mona aus München, Angelika aus Hamburg, Dieter aus Thüringen, meine hervorragende Praktikantin, die Masseurinnen und Krankengymnasten, die Fußreflexzonenmassage-Behandlerin, der Arzt mit dem Wiener Schmäh, der urige bayerische Nachbar, der Mann an der Rezeption, der so schnell für eine neue Matratze sorgte, die Frau in Berlin im Billigladen, die letztendlich für meine Taschenfederkernmatratze sprach, Dr. Stahlmann, der zur richtigen Zeit verreist war, sein Vertretungsarzt, der mir das gewünschte Papier ausstellte, der Mensch, der für den freien Parkplatz zur richtigen Zeit da war, Menschen längst vergangener Zeit, die die chinesische Heilkunst entwickelt haben. Ich bin dankbar für meinen guten alten Georg, der zur richtigen Zeit angerufen hat und mir die Botschaft von Bad Wunderbar brachte.

Ich denke an die vielen Gespräche, die ich im Thermalbad hatte. Einige habe ich mir notiert. Beim Nachlesen fallen mir die Gesichter ein. Kein Einziger hatte hinterfragt, was ihm seine rausgehüpfte Bandscheibe "flüstern" will. Alle wollten möglichst schnell die lästigen Schmerzen loswerden. Manchen war es inzwischen auch egal, wodurch. Hauptsache schmerzfrei! Aber alle fanden meine Gedanken zu diesem Thema zumindest bedenkens- wert. Viele meiner Gesprächspartner und Gesprächspartnerinnen hatten in Sachen Bandscheibenvorfall nur einen Arzt konsultiert und waren dessen Empfehlung gefolgt. Eine Frau traf ich, die einen nicht operierten Bandscheibenvorfall hatte. Seit vielen Jahren fährt sie nach Bad Wunderbar, genießt Luft, Thermalbaden und das "Seele baumeln lassen". Zu den Chinesen gehe sie nicht. "Ich lebe auch so gesund", sagte sie mir. Sie ist vor einiger Zeit in den Frühruhestand gegangen, isst gesund, macht bandscheibenfreundliche Gymnastik und kümmert sich um ihr Seelenleben. "Da war viel aufzuarbeiten" , erzählte sie mir. Medikamente nimmt sie nicht. Am Anfang Schmerzmittel, dann nicht wieder.

Inzwischen nehme auch ich keine Mittelchen mehr. Der chinesische Gesundheitstee ist aufgebraucht, die chinesische Pillenschachtel restlos leergefuttert. Lung Sheng sagte, dass es so genug sei. Alles braucht für gute Wirkung seine Zeit. Das mit der Zeit war bei vielen, die mir von ihrem Bandscheibenvorfall erzählten, ein bedenkenswerter Faktor. Keiner hatte sich Zeit für sich genommen, sondern das kostbare Gut dem Job, der Familie, den Ideen eines Arztes oder der Wissenschaft geopfert. Einige waren nach der Operation ein wenig zu sich selbst erwacht und nachdenklich geworden. "Es gibt auch gelungene Operationen!", die Stimme meiner Freundin erscheint mir im Gedächnis. Jeder geht seinen eigenen Weg. "Silbertabletts" werden überall gereicht. Man muss sie nur erkennen lernen. Ein Spruch von Rainer Maria Rilke geht mir durch den Sinn: "Wolle nie irgendeine Beunruhigung, irgendein Weh, von deinem Leben ausschließen, da du doch nicht weißt, wie diese Zustände an dir arbeiten." Ich bin überzeugt, kein "Weh" ausgeschlossen zu haben. Nicht das der Seele, nicht das der Bandscheibe. "Oder habe ich dich mit Pillen betäubt?", frage ich meinen kleinen Igel. Der Kleine wirkt aufgeregt und fragt, ob er seine Stacheln behalten darf. "Alles, was du brauchst, sollst du haben", beruhige ich meinen kleinen Freund. Stacheln brauchen wir, um uns zu schützen, Phantasie benötige ich, um überleben zu können. "Du brauchst mich also?", fragt der Kleine mit blanken Augen. "Ja, ich brauche dich!" Und tatsächlich, ich kann mir ein Leben ohne das manchmal piekende Etwas in meiner Mitte wirklich nicht mehr vorstellen!

ENSEI Verlag – wir sorgen uns um ihre Gesundheit

„Zukünftig wird es nur noch zwei Gruppen von Krebskranken geben. Solche, die dieses Buch gelesen haben – und die Nichtwissenden."

Seit vielen Jahren bereist Lothar Hirneise die ganze Welt auf der Suche nach den erfolgreichsten Krebstherapien nd klärt Menschen darüber auf, dass es mehr als hemotherapie und Bestrahlung gibt. International aneranntt als eine der wenigen Kapazitäten auf diesem Sektor, eschreibt er in dieser Enzyklopädie der unkonventionellen rebstherapien seine jahrelange Forschung. Erstmals wird uch das 3E-Programm beschrieben. Großformat, 760 eiten nur € 39,90.

Öl-Eiweiß Kost

In diesem Buch geht es um die Praxis der erfolgreichen Krebstherapie. Es werden mehr als 160 Menü-vorschläge präsentiert und auf wenigen Seiten noch einmal alle wichtigen Ernährungsschritte erklärt.

E. Clement, Magazin *Regeneration:* "Diese einfache Therapie hat gegenüber so vielen anderen zwei Nachteile:

1. sie sieht zu einfach aus, klingt nicht gelehrt;
2. sie erfordert eine persönliche Anstrengung, ein Umdenken. Sie ist aber die einzig biologisch vollwertige Methode." Dieses Buch ist das Praxisbuch zum erfolgreichen Titel von Frau Dr. Budwig: ***Krebs - das Problem und die Lösung***. A5, 180 Seiten nur € 15,30.

Leben ohne Krebs

Der Holländer A.J. Lodewijkx beschäftigt sich schon seit über 30 Jahren intensiv mit der Krebsproblematik. Er hat sich in dieser Zeit intensiv mit den Forschern Budwig, Seeger, Warburg, Jung, Kuhl, Wendt, Issels, Spengler und Koch beschäftigt. Dabei fand er einen roten Faden der Therapie heraus, welchen er in seiner Therapien seit nunmehr drei Jahrzehnten erfolgreich einsetzt. Wer sich als Leser darüber informieren will, wie Krebs entsteht und warum Ernährung und Entgiftung eine zentrale Rolle in allen Krebstherapien spielt, für den ist dieses Buch ein Juwel. Zusätzlich klärt der Autor auf, wie er Krebs diagnostiziert bzw. welche Methoden er zur Therapiekontrolle anwendet. A5, 224 Seiten nur € 20,40.

Schulmedizinisch aufgegeben - was nun?

Heidrun Ehrhardt hatte keine Hoffnung mehr. Schulmedizinisch austherapiert und beide Lungen voller Metastasen, bot man ihr noch einen Versuch mit einer Hochdosischemotherapie an, welchen sie dankend ablehnte und sich für einen biologischen Weg entschied. Das Buch beschreibt nicht nur, warum Sie sich nicht mehr von konventionellen Ärzten täuschen ließ, sondern zusätzlich auch noch erfolgreiche Krebstherapien aus aller Welt. A5, 336 Seiten, nur € 18,90.

MENSCHEN GEGEN KREBS e.V.

Menschen gegen Krebs e.V. * Pfarrstr. 8/1 * 71394 Kernen
Tel: 07151-910217 * Fax: 07151-910218
e-mail: mgk@krebstherapien.de * www.krebstherapien.de

Liebe Leserin! Lieber Leser!

Jeden Tag wenden sich Menschen mit Krebs, deren Angehörige, Journalisten, Wissenschaftler, Ärzte und weitere Interessierte an unsere Organisationen in den USA, Großbritannien und Deutschland, um mehr Informationen über erfolgreiche Krebstherapien zu erhalten. Dies geschieht vor allem vor dem Hintergrund, dass in absehbarer Zeit Krebs die Herz-Kreislauferkrankungen als Todesursache Nr.1 in Deutschland ablösen wird. Immer wieder wird uns von großen Fortschritten der Chemotherapie, durch Interferon, Interleukin, Stammzelltherapie, Gentherapie, stereotaktischen Bestrahlungen, Angiogenese-Hemmer und vieles mehr erzählt. Doch wenn man ins Detail geht, erkennt man sehr schnell, dass die Statistiken auf den zweiten Blick nicht so positiv aussehen wie viele Krebskranke oftmals annehmen.

Krebs wird leider immer noch als eine eigene Krankheit angesehen - **und nicht als ein Symptom einer Erkrankung eines Menschen.** Deshalb wird auch immer noch versucht, die *Krankheit Tumor* mit allen zur Verfügung stehenden Mitteln wie Chemotherapie oder Bestrahlung auszumerzen. Es werden nur noch Tumore - und keine Menschen mehr behandelt. Durch diese Sichtweise war es möglich, dass sich in den letzten Jahrzehnten alles auf 4 Krebstherapien konzentriert hat: Chirurgie, Bestrahlung, Hormon- und Chemotherapie. Fast alle Forschungsgelder sind in diese Therapien geflossen - doch für Millionen Krebskranker ohne irgendeinen durchbrechenden Erfolg.

Unsere täglichen Erfahrungen zeigen uns, dass die meisten Onkologen immer noch versuchen, ausschließlich Tumore zu zerstören. dass die Zerstörung eines Tumors jedoch nicht gleichzusetzen ist mit einer Verlängerung der Lebenszeit und schon gar nicht mit einer Verbesserung der Lebensqualität, zeigen die vielen Metastasen und leider auch die hohe Sterblichkeitsrate bei den häufigsten Krebsarten. Um Mißverständnisse auszuschließen: Die Zerstörung des Tumors ist ein wichtiger Bestandteil jeder Krebstherapie und auch wir sind in bestimmtem Fällen für den Einsatz aggressiver Mittel.

Jedoch wurde durch diese einseitige Sichtweise in den letzten Jahrzehnten der Mensch als Träger des Tumors leider vergessen. Denn er ist es, der diesen Tumor entwickelt. Nur wenn wir den ganzen Menschen betrachten, und nicht nur seinen Tumor, können wir ihn auch richtig behandeln. Ein weiterer Punkt ist der, dass durch diese einseitige Konzentration andere erfolgreiche Krebstherapien in den Hintergrund geraten sind. Wir hören immer wieder: "Mein Arzt würde es doch wissen, wenn es andere erfolgreiche Krebstherapien gäbe."

Dabei erleben wir doch alle jeden Tag, dass die ganzheitliche Betrachtung von Krankheiten zugunsten einer chemischen bzw. High-Tech Medizin weichen muß und deswegen erfolgreiche Therapien vergessen, verdrängt, aus finanziellen Gründen verleugnet, als nicht erfolgreich verkannt oder an den Universitäten erst gar nicht mehr gelehrt werden. Ob eine Therapie erfolgreich ist oder nicht, wird in der Wissenschaft vor allem mit sogenannten Doppelblindstudien bewertet. Leider zeigt es sich jedoch immer wieder, dass diese

Studien entweder falsch bewertet werden oder aber die Zahlen nicht richtig sind. Ein weiteres Problem stellen außerdem Fälschungen aus Profitgier dar. Aufgrund solcher "Forschungen" kommen dann Medikamente auf den Markt, auf die sich Betroffene und Ärzte verlassen. Der Leidtragende ist dabei der erkrankte Mensch.

Einerseits sagen Ärzte und Krankenkassen, dass Sie nur Doppelblindstudien als wissenschaftlich fundiert akzeptieren, und andererseits werden diese Doppelblindstudien von den gleichen Personen angezweifelt, wenn sie nicht in deren Schema passen. Oder wie kann man sich sonst erklären, dass es sehr viele Doppelblindstudien gibt, die beweisen, dass Chemotherapien bei epithelialen Tumoren (über 80% aller Krebsarten) nur in den wenigsten Fällen geholfen haben, das Leben zu verlängern, jedoch immer noch bei den meisten Krebskranken eingesetzt werden. Ärzte dürfen in Deutschland zuerst einmal nur *wissenschaftlich fundierte* Therapien anwenden. In der Regel "dürfen sie wählen" zwischen einer krebserzeugenden Bestrahlung, einer immunzerstörenden Chemotherapie und einer Operation, deren Folgen evtl. nie mehr rückgängig zu machen sind.

Doch Hand aufs Herz, wer untersucht eigentlich, wie wissenschaftlich diese Wissenschaft noch ist? Wie frei können Ärzte eigentlich ihre Patienten behandeln, bzw. wie stark werden Sie von Institutionen, Regierungen und Firmen unter Druck gesetzt? Krebs ist eine den ganzen Menschen umfassende Erkrankung, und Sie müssen die Verantwortung für Ihre Gesundheit heute mehr denn je wieder in Ihre eigene Hand nehmen.

Täglich erfahren wir von Menschen, wie diese ihren Krebs besiegt haben, welche Therapien sie machten, welche Ernährungsmaßnahmen die Therapien begleiteten, welche Visualisierungstechniken sie benutzten, welche allgemeinen Lebensveränderungen notwendig waren, um den Krebs zu besiegen und vieles, vieles mehr. Die Summe dieser Maßnahmen läßt sich leider in kein bestehendes wissenschaftliches System pressen und auswerten - und schon gar nicht erfolgreich patentieren. Viele Menschen, die sich an uns oder an ganzheitlich denkende Krebstherapeuten wenden, haben noch etwas gemeinsam: Sie haben sich nicht-konventionellen Therapien meist erst in einem Stadium zugewandt, nachdem konventionelle Therapien versagten. Um so positiver sind deshalb die Erfolge zu bewerten, die wir tagtäglich erfahren dürfen. Wie groß könnten die Erfolge erst sein, wenn Krebskranke sich schon früher darum bemühen würden, welche Möglichkeiten einer Therapie es gibt, und nicht erst, nachdem wichtige Teile herausgeschnitten wurden, notwendige Organe durch agressive Präparate fast unfähig sind normal zu arbeiten, und die Angst vor dem Tod das Immunsystem so stark unterdrückt, dass ein zufriedenes Leben nur noch begrenzt möglich ist.

Krebs ist heilbar. Immer wieder erleben wir, dass auch Menschen in einem sogenannten *finalen Stadium* ihren Krebs besiegen. Werden Sie deshalb aktiv und finden Sie heraus, was Sie noch heute gegen Ihren Krebs tun können. Übernehmen Sie die Verantwortung für Ihre Erkrankung. Überlassen Sie es nicht anderen Menschen, dass Sie gesund werden. Beginnen Sie noch heute damit, darüber nachzudenken, was Sie zukünftig anders machen werden und vertrauen Sie Ihrer inneren Stimme, die Ihnen sagt, dass SIE Ihren Krebs besiegen.

Wir werden alles tun, um Sie auf diesem Weg so gut wie möglich zu unterstützen.